科學鼎典

科學菁英與求索發現

跨越千年的科學智慧，從農學到天文的全面發展

水利奇跡、中醫奠基、天文創舉
以故事勾勒歷史，以知識鑄就傳承
帶你穿越千年，感受古代科學家探索真理的智慧

肖東發 主編
羅潔 編著

目錄

序言

科學鼻祖

水工李冰 ················· 009

神醫扁鵲 ················· 017

天文學家甘德 ············· 027

天文學家石申 ············· 031

創造大師

農學家氾勝之 ············· 039

醫學偉人張仲景 ··········· 047

天文學家劉洪 ············· 056

數學家劉徽 ··············· 065

科學家祖沖之 ············· 071

農學家賈思勰 ············· 077

地理學家酈道元 ··········· 089

天文學家劉焯 ············· 096

目錄

　　天文學家一行 …………………… 102

　　藥王孫思邈 ……………………… 109

科技巨擘

　　科學家沈括 ……………………… 119

　　數學家秦九韶 …………………… 131

　　修訂曆法的郭守敬 ……………… 135

　　數學家朱世傑 …………………… 146

　　農學家王禎 ……………………… 151

學科菁英

　　巧奪天工的宋應星 ……………… 161

　　嘗百草的李時珍 ………………… 168

　　地理學家徐霞客 ………………… 175

　　天文學家兼農學家徐光啟 ……… 182

　　天文學家兼數學家梅文鼎 ……… 191

序言

　　浩浩歷史長河，熊熊文明薪火，中華文化源遠流長，滾滾黃河、滔滔長江，是最直接源頭，這兩大文化浪濤經過千百年沖刷洗禮和不斷交流、融合以及沉澱，最終形成了求同存異、兼收並蓄的輝煌燦爛的中華文明，也是世界上唯一綿延不絕而從沒中斷的古老文化，並始終充滿了生機與活力。中華文化曾是東方文化搖籃，也是推動世界文明不斷前行的動力之一。早在500年前，中華文化的四大發明催生了歐洲文藝復興運動和地理大發現。中國四大發明先後傳到西方，對於促進西方工業社會發展和形成，曾帶來了重要作用。

　　中華文化博大精深，是各族人民五千年來創造、傳承下來的物質文明和公德心的總和，其內容包羅萬象，浩若星漢，蘊含豐富寶藏。中華文化薪火相傳，一脈相承，弘揚和發展五千年來優秀的、光明的、先進的、科學的、文明的和自豪的文化現象，融合古今中外一切文化精華，建構具有特色的現代民族文化，展示中華民族的文化力量、文化價值、文化形態與文化風采。

　　為此，在相關專家指導下，我們收集整理了大量古今資

序 言

料和最新研究成果，特別編撰了本套大型書系。主要包括獨具特色的語言文字、浩如煙海的文化典籍、名揚世界的科技工藝、異彩紛呈的文學藝術、充滿智慧的中國哲學、完備而深刻的倫理道德、古風古韻的建築遺存、深具內涵的自然名勝、悠久傳承的歷史文明，還有各具特色又相互交融的地域文化和民族文化等，充分顯示了厚重文化底蘊。

　　本書縱橫捭闔，採取講故事的方式進行敘述，語言通俗，明白曉暢，形象直觀，古風古韻，格調高雅，具有很強的可讀性、欣賞性、知識性和延伸性，能夠讓讀者們感受到中華文化的豐富內涵。

肖東發

科學鼻祖

科學鼻祖

春秋戰國是中國歷史上的上古時期。

在這一時期,水利和中醫學方面取得了領先世界的成就。李冰設計建造的都江堰,開創了中國古代水利史新紀元,被譽為「世界水利文化的鼻祖」。扁鵲創造的望、聞、問、切四診法,完全符合現代科學中的辨證方法等理論。

李冰和扁鵲所取得的成就,不僅為中國古代科學做出了貢獻,同時也代表了上古之人對真實自然的求索與認知。他們的積極探索與大膽實踐精神,將永遠鼓舞著後人。

水工李冰

　　李冰，今山西省運城市人。戰國時期傑出的水利工程家。秦昭襄王末年任蜀郡太守，他與他的兒子一起設計和主持興建了中國早期的灌溉工程都江堰。

　　2,000多年來，該工程為成都平原成為「天府之國」奠定堅實的基礎。後世為紀念李冰父子，在都江堰修有二王廟。都江堰也成為著名的風景名勝。

　　西元前316年，秦國吞併蜀國。那時的蜀國，年年非澇即旱，有「澤國」、「赤盆」之稱。秦為了將蜀地建成重要的基地，決定徹底治理岷江水患，同時派精通治水的李冰任蜀郡太守。

　　李冰做蜀郡太守的時間沒有明文記載，大約在西元前277年至西元前250年之間。

　　李冰最初到蜀郡時，親眼看到岷江為當地帶來的嚴重災難。岷江發源於成都平原北部的岷山，沿江兩岸山高谷深，水流湍急。

岷江到灌縣附近，進入一馬平川，水勢浩大，往往衝決堤岸，氾濫成災，而從上游挾帶來的大量泥沙也容易淤積在這裡，抬高河床，加劇水患。特別是在灌縣城西南面，有一座玉壘山，阻礙江水東流，每年夏秋洪水季節，常造成東旱西澇。

李冰到任不久，便開始著手進行大規模的治水工作。

李冰和他的兒子二郎沿岷江岸進行實地考察，了解水情、地勢等情況，制定了治理岷江的規畫方案，並開始實施。

修建「寶瓶口」：李冰父子邀集了許多有治水經驗的農民，對地形和水情做了實地勘察，決心鑿穿玉壘山引水。由於當時還未發明火藥，李冰便以火燒石，使岩石爆裂，終於在玉壘山鑿出了一個寬 20 公尺，高 40 公尺，長 80 公尺的山口。因其形狀酷似瓶口，故取名「寶瓶口」，把開鑿玉壘山分離的石堆叫「離堆」。

李冰之所以要修寶瓶口，是因為只有打通玉壘山，使岷江水能夠暢通流向東邊，才可以減少西邊的江水的流量，使西邊的江水不再氾濫，同時也能解除東邊地區的乾旱，使滔滔江水流入旱區，灌溉那裡的良田。

這是治水患的關鍵事項，也是都江堰工程的第一步。

修建「分水魚嘴」：寶瓶口引水工程完成後，雖然發揮了分流和灌溉的作用，但因江東地勢較高，江水難以流入寶瓶口。為了使岷江水能夠順利東流且保持一定的流量，並充分發揮寶瓶口的分洪和灌溉作用，修建者李冰在開鑿完寶瓶口以後，又決定在岷江中修築分水堰，將江水分為兩支，一支順江而下；另一支被迫流入寶瓶口。

由於分水堰前端的形狀好像一條魚的頭部，所以被稱為「魚嘴」。

魚嘴的建成將上游奔流的江水一分為二：西邊稱為外江，它沿岷江河兩順流而下；東邊稱為內江，它流入寶瓶口。由於內江窄而深，外江寬而淺，這樣枯水季節水位較低，則60%的江水流入河床低的內江，保證了成都平原的生產與生活用水。

而當洪水來臨，由於水位較高，於是大部分江水從江面較寬的外江排走，這種自動分配內外江水量的設計就是所謂的「四六分水」。

修建「飛沙堰」：為了進一步控制流入寶瓶口的水量，發揮分洪和減災的作用，防止灌溉區的水量忽大忽小、不能保持穩定的情況，李冰又在魚嘴分水堤的尾部，靠著寶瓶口的地方，修建了分洪用的平水槽和「飛沙堰」溢洪道。

以保證內江無災害，溢洪道前修有彎道，江水形成環

流，江水超過堰頂時洪水中夾帶的泥石便流入到外江，這樣便不會淤塞內江和寶瓶口水道，故取名「飛沙堰」。

飛沙堰採用竹籠裝卵石的方法堆築，堰頂做到比較合適的高度，發揮一種調節水量的作用。當內江水位過高的時候，洪水就經由平水槽漫過飛沙堰流入外江，使得進入寶瓶口的水量不致太大，保障內江灌溉區免遭水災。

同時，漫過飛沙堰流入外江的水流產生了漩渦，由於離心作用，泥沙甚至是巨石都會被拋過飛沙堰，因此還可以有效地減少泥沙在寶瓶口周圍的沉積。

為了觀測和控制內江水量，李冰又雕刻了3個石樁人像，放於水中，以「枯水不淹足，洪水不過肩」來確定水位。還鑿製石馬置於江心，以此作為每年最小水量時淘灘的標準。

李冰克服重重困難建成的都江堰，之所以能夠歷經兩千多年依然能夠發揮重要作用，關鍵在於後世制定了合理有效的歲修制度。古代竹籠結構的堰體在岷江急流衝擊之下並不穩固，而且內江河道儘管有排沙機制但仍不能避免淤積。因此需要定期對都江堰進行整修，以使其有效運作。

漢靈帝時設定「都水掾」和「都水長」負責維護堰首工程。蜀漢時，諸葛亮設堰官，並「徵丁千百人主護」。此後各朝，以堰首所在地的縣令為主管。

水工李冰

至宋朝時，制定了施行至今的歲修制度。到了宋朝時，訂立了在每年冬春枯水、農閒時斷流歲修的制度，稱為「穿淘」。歲修時修整堰體，深淘河道。淘灘深度以挖到埋設在灘底的石馬為准，堰體高度以與對岸巖壁上的水則相齊為準。

明代以來，使用臥鐵代替石馬作為淘灘深度的工具，現存3根3公尺多長的臥鐵，位於寶瓶口的左岸邊，分別鑄造於明萬曆年間、清同治年間和西元1927年。

李冰在任蜀郡太守期間，李冰還對蜀地其他經濟建設做出了貢獻。李冰在今宜賓、樂山境開鑿灘險，疏通航道，修建了今崇慶縣西河、邛崍南河、石亭江、綿遠河等灌溉和航運工程。這一切均說明李冰是一位頗有建樹的水利工程專家。

李冰還成功地開廣都鹽井，即現在的成都雙流鹽井。在此之前，蜀地鹽開採處於非常原始的狀態，多依賴天然鹽泉、鹽石。李冰創造鑿井汲滷煮鹽法，結束了巴蜀鹽業生產的原始狀況。這也是中國史籍所載最早的鑿井煮鹽的紀錄。

李冰還在成都修了石牛門的市橋、南渡流的萬里橋、郫江西的永平橋等7座橋，這些便民設施，極大地改善了當地人的生活。

李冰所做的上述這一切，尤其是都江堰水利工程，對蜀

科學鼻祖

地社會產生了深遠的影響。都江堰的修成,不僅解決了岷江氾濫成災的問題,而且從內江下來的水還可以灌溉10多個縣,灌溉面積達300多萬畝。從此,成都平原成為「沃野千里」的富庶之地,獲得「天府之國」的美稱。

李冰修建的都江堰水利工程,不僅在中國水利史上,而且在世界水利史上也占有光輝的一頁。它悠久的歷史舉世聞名,它的設計之完備令人驚嘆!

李冰為蜀地的發展做了不可磨滅的貢獻,人們永遠懷念他。明代阮朝東撰的《新作蜀守李公祠碑》說:「禹之澤在天下,冰之澤在蜀。蜀人思冰,不異於思禹也。」2,000多年來,四川人民把李冰尊為「川主」。

【旁註】

蜀郡太守:蜀郡是中國古代行政區劃之一。蜀郡以成都一帶為中心,所轄範圍隨時間而有不同;太守,官名,原為戰國時代郡守的尊稱,為一郡之最高長官,除治民、進賢、決訟、檢奸外,還可以自行任免所屬掾史。

玉壘山:玉壘山位於都江堰市區,二王廟東側,占地400餘畝,山上古木參天,綠蔭如蓋,登上最高處,可俯瞰都江堰水利工程全貌。

溢洪道:是水庫等水利建築物的防洪設備,多築在水壩

的一側,像一個大槽,當水庫裡水位超過安全限度時,水就從溢洪道向下游流出,防止水壩被毀壞。包括進水渠、控制段、洩槽和出水渠。

歲修制度:這裡指每年有計畫地對都江堰古建築工程進行的維修和養護工作。岷江的洪水很猛烈,隔行若干年會有一次特大的洪流,興風作浪,那時的樞紐建構就會大傷元氣。因此,隔一段時間進行一次全面檢修十分必要。

煮鹽:是指用深腹容器煮沸取自海邊潮間帶下或鹽井裡的滷水並加凝固物來結晶成鹽。商周時期已見。長期的生產,使沿海人民逐漸摸索出與各地地理、氣候條件相適應的煮鹽方法。

秦昭襄王(西元前325年～西元前251年):嬴姓,名則,又稱稷。秦惠文王之子,秦武王之弟。西元前307年立帝位。在位期間,任用包括魏冉、范雎、白起等名臣,治軍備戰,富國強兵,使秦國奠定了將來一統天下的基礎。

諸葛亮(西元181年～西元234年):字孔明,號臥龍或伏龍。生於三國時期的琅玡陽都,即今山東省臨沂市沂南縣。三國時期蜀漢丞相,傑出的政治家和軍事家。在世時被封為武鄉侯,死後追諡「忠武侯」。後來東晉政權推崇諸葛亮軍事才能,特追封他為武興王。

科學鼻祖

【閱讀連結】

都江堰水利工程是世界水利史上的創舉，是人類征服自然的一次勝利，也是科學對迷信的一次勝利。

《史記・河渠書・正義》引《括地志》講述了這樣一個故事：李冰擔任蜀守後，為了破除迷信陋習，以自己女兒與江神為婚為由，親自端著酒杯來到江神祠前敬酒，並厲聲斥責江神胡作非為。隨即，李冰化為蒼牛與江神相鬥，終於殺死江神而取得勝利。

李冰治水鬥江神的故事流傳很廣，直至後代都江堰地區的人民還保留著飲酒鬥牛的風俗。

神醫扁鵲

扁鵲（西元前 407 年～西元前 310 年），姬姓，秦氏，名越人，又號盧醫。生於渤海郡鄭，即今河北省任丘；一說為齊國盧邑，即今山東省長清。戰國時期著名醫家。有名的中醫典籍《難經》為扁鵲所著。

扁鵲被譽為中醫學的開山鼻祖，他創造了望、聞、問、切四診法，奠定了中醫學的切脈診斷方法，開啟了中醫學的先河。

扁鵲醫術精湛，所以人們就用傳說中的上古軒轅時代的名醫「扁鵲」的名字來稱呼他。

其實，「扁鵲」是古代醫術高超者的一個通用名詞。「扁」字的讀音，在那時的發音是「篇」，清代學者梁玉繩在《史記志疑》中說，扁鵲之扁是「取鵲飛翩翩之意」，即指一隻喜鵲在自由自在地飛翔。

按照古人的傳說，醫生治病救人，走到哪裡，就將安康和快樂帶到哪裡，好比是帶來喜訊的喜鵲。所以，古人把

科學鼻祖

那些醫術高超、醫德高尚的醫生稱作「扁鵲」。扁鵲醫術高明、學識淵博，走南闖北、治病救人，順理成章地被人們尊敬地稱作「扁鵲」。

扁鵲遍遊各地行醫，擅長各科，在趙國為「帶下醫」，即婦科；至周國為「耳目痹醫」，即五官科；入秦國則為「小兒醫」，即兒科。

相傳因為邯鄲西南婦女多病，扁鵲在那裡的時候就花費大部分的時間為婦女治病。洛陽風俗尊重老人。扁鵲在那裡就當耳目科醫生，替很多老人治好耳聾眼花的疾病。

他到咸陽的時候，因為那裡的孩子多病，就幾乎變成小兒科的專門醫生。這些都說明扁鵲之所以能夠精通各科和各種醫療技術，是和他這種處處從人們需求出發的熱情分不開的。

扁鵲不僅在診斷學上有很大的貢獻，而且是醫學上的「多面手」。為了能夠迅速有效地為人們解除疾病的痛苦，滿足醫療上的需求，扁鵲還研習和應用砭刺、針灸、按摩、湯液、熱熨等方法，效果顯著，所以很有醫名。

有一次，晉國的趙簡子病得很重，已經5天昏迷不醒了。趙簡子的家人十分惶恐，請扁鵲去為他診治。扁鵲按過趙簡子的脈搏以後，斷定趙簡子不會死。他為趙簡子配了藥，又扎了針，果然，不到3天，趙簡子就甦醒過來了。

扁鵲曾經為虢太子治病,當時他就用了針灸、熱敷和湯藥3種方法進行綜合治療。

有一次,扁鵲路過虢國,聽說虢君的太子突然昏死了。他認為這事很可疑,要去探個究竟。當扁鵲跑到宮裡的時候,大臣們已在替太子辦理後事。

扁鵲問明了太子怎樣昏死的情況以後,就仔細地查看。他發現太子還有微弱的呼吸,兩腿的內側還沒有全冷,因而斷定太子不是真死,而是得了「屍厥病」,即類似現代的假死,認為還有治好的希望。

他就為太子扎針,太子果然醒了過來。扁鵲接著又在太子兩腋下施行熱敷,不一會,太子就能夠坐起來了。

虢君萬分驚喜,他熱淚盈眶,向扁鵲作揖道謝。扁鵲臨走時還留下了藥方,虢太子按方服了20多天的湯藥,便完全恢復了健康。這就是世代傳說的扁鵲起死回生的故事。

當時的人都把扁鵲當作神仙看待。但是扁鵲並不因此而驕傲,也不炫耀自己的本領,他說:「不是我有什麼本領能夠把病人救活,而是病人本來就沒有死。」

扁鵲看病行醫有「六不治」原則:一是依仗權勢,驕橫跋扈的人不治;二是貪圖錢財,不顧性命的人不治;三是暴飲暴食,飲食無常的人不治;四是病重不早求醫的不治;五

科學鼻祖

是身體虛弱不能服藥的不治；六是相信巫術不相信醫道的不治。

有一次，扁鵲到了齊國，蔡桓公知道他有很高明的醫術，就熱誠地招待他。扁鵲見了蔡桓公，根據蔡桓公的氣色，斷定有病。

他對蔡桓公說：「你已經有病了，現在病還在淺表部位，如果不趕快醫治，就會加重起來。」

蔡桓公因為自己當時並沒有不舒服的感覺，所以不相信扁鵲的話，反以為扁鵲是想藉此顯示自己的本領，博取名利。

過了5天，扁鵲又看見了蔡桓公，觀察到蔡桓公的病已經進入血脈之間，再勸他趕快醫治。蔡桓公還是不聽。

又過5天，扁鵲又告訴蔡桓公說：「你的病已轉到了胃腸，如果再拖延不治，恐怕就無法挽救了。」

蔡桓公這一次不僅不聽，反而對扁鵲說：「我起居和平時一樣，沒有什麼毛病，請你不要再囉嗦了。」

又是5天過去了，扁鵲細看蔡桓公的氣色，知道他的病已經無法醫治了，於是一句話也不說就離開了。

蔡桓公派人去問他為什麼離開，他說：「病在淺表，可以用湯藥醫治；病到血脈，可以扎針醫治；病到內臟也還不

是沒有辦法;可是現在蔡桓公的病已深入到骨髓,再也沒有方法可以醫治,所以只好退了出來。」

不久,蔡桓公果然病倒了。他派人去請扁鵲,這時扁鵲已經到秦國去了。蔡桓公終於因為沒有聽扁鵲的話而病死了。

這就是著名的扁鵲會見蔡桓公的故事。

扁鵲治病不是只用望診和切診的方法,他同時也很注重從多方面來診斷疾病。他既看舌苔,又聽病人說話、呼吸和咳嗽的聲音,還問病源和得病前後的種種情況。

除了病人以外,他還向病人的家屬和親友仔細詢問,以求得準確的結論,便於對症下藥。這就是上面提到的望、聞、問、切四診法。這一套診斷方法的建立,是扁鵲在中國醫學史上的重大貢獻。

扁鵲為了人們的健康,還提出了一套破除迷信和預防疾病的思想。他認為身體應該好好保養和鍛鍊,有了病以後要趕緊請醫生醫治,拖延久了病就會加重起來,以致於不能醫治。

扁鵲說,人不怕有病,就怕有了病以後不好好醫治,應該懂得輕病好治的道理。他又說,相信鬼神和巫師而不相信醫生的人,他們的病是不會治好的。扁鵲在迷信思想還很濃

科學鼻祖

厚的古代,能夠毫不躊躇地提出反對相信巫師的看法,是很不容易的。

關於如何預防疾病,扁鵲告訴大家,健康時就要注意寒暖,節制飲食,胸襟要舒暢,不能動怒生氣等。在今天看來,這些也都是合乎科學的。

扁鵲為了使自己的醫術能夠保存下去,很注重培養徒弟。子陽、子豹、子問、子明、子游、子儀、子越、子術、子容等人,都是他的著名徒弟,其中子儀還著有《本草》一書。

扁鵲所處的年代,正是生產力迅速發展和社會發生著激烈變革、動盪的年代,也是人才流動,人才輩出的時代,各諸侯國都在競爭人才。

秦國為了廣招賢能,採取了兼收並取之法,除重視治理國家的人才外,對醫生也很尊重,給予醫生以極好的待遇,各國名醫紛紛到秦,扁鵲就是在這種情況下成為秦人的。

扁鵲在秦國時,有一次秦王有病,就召請扁鵲來治。就在扁鵲為秦王施治時,太醫令李醯和一班文武大臣趕忙出來勸阻,說什麼大王的病處於耳朵之前,眼睛之下,扁鵲未必能除,萬一出了差錯,將使耳不聰,目不明。

扁鵲聽了氣得把治病用的砭石一摔,對秦王說:「大王

跟我商量好了除病,卻又允許一班蠢人從中搗亂;假使你也這樣來治理國政,那你就會亡國!」

秦王聽了只好讓扁鵲治病。

李醯看到自己治不好的病,到了扁鵲手裡卻化險為夷,自知不如扁鵲,就產生嫉恨之心,找人暗下毒手,最後殺害了扁鵲。就因為這件事,有一天李醯駕車出門,憤怒的人們把他包圍起來,要不是他的衛兵保護,這個卑鄙無恥、陰險毒辣的殺人犯,準會被大家打死的。

扁鵲雖然被暗殺了,但他在醫學上的貢獻,隨著歷史的發展,一天比一天更加得到發揚光大。到漢朝的時候,扁鵲的醫療理論和經驗,被總結成一部醫學的經典著作,書名叫作《難經》,一共有80篇,其中有〈脈經〉、〈經絡〉、〈臟腑〉、〈病理〉、〈穴道〉、〈針法〉等篇。

一個真心對於人民有所貢獻的人,不管時間隔得多久,總是不會被忘掉,而能夠得到人民的尊敬和懷念的。扁鵲就是這樣的一個人。所以即使到了現在,人民永遠懷念著他。

【旁註】

四診法:是扁鵲總結出來的診斷疾病的4種基本方法,即望診、聞診、問診和切診,總稱「四診」,古稱「診法」。

科學鼻祖

其原理是建立在整體觀念和恆動觀念的基礎上的,是陰陽五行、藏象經絡等基礎理論的具體運用。四診法後經不斷地發展和完善,成為中國傳統醫學文化的瑰寶。

虢國:虢國是西周初期的重要諸侯封國。周武王滅商後,周文王的兩個弟弟分別被封為虢國國君,虢仲封東虢,即今河南省滎陽縣西汜水鎮。虢叔封西虢,即今陝西省寶雞市東。東虢國於西元前767年被鄭國所滅。西虢國於西元前655年被晉國所滅。

齊國:中國歷史上從西周到春秋戰國時期的一個諸侯國。有姜齊和田齊之分。西周時期,周武王封呂尚於齊,史稱姜姓齊國,簡稱姜齊。西元前391年,田成子四世孫田和廢齊康公,自立為國君,同年為周安王冊命為齊侯。是為田氏齊國,史稱田齊。

秦國:中國春秋戰國時期的一個諸侯國。秦在戰國初期也比較落後,從商鞅變法才開始改變。西元前325年秦惠王稱王。西元前316年秦滅蜀,從此秦正式成為一個大國。西元前246年秦王趙政登基,西元前238年掌權,開始了他對六國的征服。

諸侯國:一般指中國歷史上秦朝以前分封制下,由中原王朝的最高統治者天子對封地的稱呼,也被稱為「諸侯列國」、「列國」;封地最高統治者被賜予「諸侯」的封號。現

代多數情況，「諸侯」和「諸侯國」混淆使用。

砭石：古代利用楔狀石器醫療的工具。而運用砭石治病的醫術稱為砭術，砭術是中醫的六大醫術，即砭、針、灸、藥、按蹺和導引之一。

軒轅：又名黃帝，軒轅有土德之瑞，尊稱黃帝。少典與附寶之子，取名軒轅，為軒轅氏。他播百穀草木，大力發展生產，始製衣冠，建造舟車，發明指南車，定算數，制音律，創醫學等，為中華民族始祖，人文初祖，中國遠古時期部落聯盟首領。

趙簡子（？～西元前475年）：即趙鞅，嬴姓，趙氏，原名鞅，後名志父，諡號「簡」。政治家、軍事家、外交家和改革家。戰國時代趙國基業的開創者，郡縣制社會改革的正面推動者，先秦法家思想的實踐者，與其子趙無恤，即趙襄子並稱「簡襄之烈」。

蔡桓公：即田齊桓公，田氏代齊以後的第三位齊國國君，諡號為「齊桓公」，因與「春秋五霸」之一的姜姓齊國的齊桓公小白相同，故史稱「田齊桓公」或「齊桓公午」。在位時曾建立稷下學宮，招攬天下賢士，聚徒講學，著書立說。

科學鼻祖

【閱讀連結】

據說扁鵲的老師是一個醫術超高的人。

扁鵲少年時期在故里做過舍長,即旅店的主人。當時,在扁鵲的旅舍裡有一位長住的旅客,名叫長桑君,兩個人過往甚密,感情融洽。

長期交往以後,長桑君終於對扁鵲說:「我掌握著一些祕方驗方,現在我已年老,想把這些醫術及祕方傳授予你,你要保守祕密,不可外傳。」

扁鵲當即拜長桑君為師,並繼承其醫術,終於成一代名醫。扁鵲成名後,周遊各國,為人治病,醫名甚著,成為先秦時期醫家的傑出代表。

天文學家甘德

甘德，戰國時山東人。大約生活於西元前4世紀中期。先秦時期著名的天文學家，中國天文學的先驅之一，是世界上最古老星表的編製者和木衛二的最早發現者。

經過長期的天象觀測，他與石申各自寫出一部天文學著作。後人把這兩部著作結合起來，稱為《甘石星經》，是現存世界上最早的天文學著作。

甘德還以占星家聞名，是在當時和對後世都產生重大影響的甘氏占星流派的創始人，他的天文學貢獻和其占星活動是相輔相成的。

中國是天文學發展最早的國家之一。由於農業生產和制定曆法的需求，很早開始觀測天象，並用以定方位、定時間、定季節了。

春秋戰國時期，天文曆法有了較廣泛的發展和進步。史學家司馬遷在《史記‧曆書》中說：

幽、厲之後，周室微，陪臣執政，史不記時，君不告

朔，故疇人子弟分散，或在諸夏，或在夷狄。

這裡的「疇人」係指世代相傳的天文曆算家。當時各諸國出於各自農業生產和星占等的需求，都十分重視天文的觀測紀錄和研究。據《晉書天文志》記載：

魯有梓慎，晉有卜偃，鄭有裨灶，宋有子韋，齊有甘德，楚有唐昧，趙有尹皋，魏有石申夫，皆掌握著天文，各論圖驗。

這種百家並立的情況對天象的觀測以及行星、恆星知識的提升，無疑發揮著正面的推動作用。

在諸家之中，最著名的是甘德、石申夫兩家。他們屬同一時期的人。

甘德與石申精密觀測金、木、水、火、土5個行星的執行，發現了5個行星出沒的規律。他們發現黃道附近恆星的位置及其與北極的距離，是世界上最早的恆星表，代表了當時最高的天文學水準。

相傳，甘德測定的恆星有118座，511個。甘德對行星運動進行了長期觀察和定時研究。他測出了木星的一個會合週期為400天，木星的恆星週期為12年，他還測出了金星的會合週期為587天，水星的會合週期為126天，火星的恆星週期為1.9年。

甘德的另一重大貢獻是,在西元前364年用肉眼觀測到了木星最亮的衛星——木衛二,比伽利略・伽利萊(Galileo Galilei)西元1609年發明了天文望遠鏡之後才發現木星衛星早了近2,000年。

此外,甘德還著有先秦渾天思想的代表作〈渾天圖〉,以及《天文星占》8卷、《甘氏四七法》等作品。

【旁註】

恆星:是由熾熱氣體組成的,是能自己發光的球狀或類球狀天體。我們所處的太陽系的主星太陽就是一顆恆星。天文學家經由觀測恆星的光譜、光度和在空間中的運動,可以測量恆星的品質、年齡、金屬量和許多其他的性質。

渾天思想:是中國古代的一種宇宙學說。由於古人只能在肉眼觀察的基礎上加以豐富的想像,來構想天體的構造。渾天說認為全天恆星都布於一個「天球」上,而日月五星則附麗於「天球」上執行,這與現代天文學的天球概念十分接近。

司馬遷(西元前145年或西元前135年~約西元前87年):字了長。生於西漢時夏陽,即今陝西省韓城西南靠近龍門。西漢史學家、文學家。所著《史記》是中國第一部紀傳體通史,被魯迅稱為「史家之絕唱,無韻之離騷。」司馬遷被後人尊為「史聖」。

科學鼻祖

【閱讀連結】

關於甘德是戰國時哪國人,有另種爭議。一說他是楚國人;一說他是齊國人。

其中,司馬遷說他是齊國人。《史記‧天寶書》記載:「昔之傳天數者……在齊,甘公;……魏,石申。」

而裴駰《集解》引徐廣說:「或曰甘公名德也,本是魯人。」張守節《正義》則稱:「《七錄》說:楚人。」

那麼,這是不是甘德的籍史有分歧呢?

其實,甘德本是魯人,在齊國為官或遊學,故稱「在齊」;魯國後為楚地,故又有楚人說。因為甘德的天文學成就主要是在齊國完成,所以他應是齊國學者。

天文學家石申

石申，又名石申夫，西元前4世紀魏國人。戰國天文學家、占星家。

他著有《天文》8卷，與甘德所著的《天文星占》合稱《甘石星經》，後世許多天文學家在測量日、月、行星的位置和運動時都要用到《甘石星經》中的數值，因此，《甘石星經》在世界天文學史上占有重要地位。

由於石申對天文學研究做出的傑出貢獻，國際月球地名命名委員會把月球背面的一座環形山命名為「石申山」。

石申，生於西元前4世紀，據《史記·天官書》記載，在中國的戰國時期，著名的天文學家有4位：

在齊，甘公；楚，唐昧；趙，尹皋；魏，石申。

這裡提到的魏國人，便是石申。《史記》中還說，這4位天文學都有占星術的著作，在他們的著作中，還同時記錄著戰國時期的戰亂形勢，記錄著為政治事件的各式各樣的說法，即：

科學鼻祖

田氏篡齊，三家分晉，併為戰國。爭於攻取，兵革更起，城邑數屠，因以饑饉疾疫焦苦，臣主共憂患，其察視祥候星氣尤急，近世十二諸侯七國相王，言從（縱）衡者繼踵，而皋、唐、甘、石因時務論其書傳，故其占驗凌雜米鹽。

《史記正義》中還引南朝時代梁阮孝緒的《七錄》說：

石申，魏人，戰國時作《天文》8卷也。

這裡提到的《天文》8卷就是和甘德所著的《天文星占》合稱《甘石星經》的作品。不過，據說，這本《天文》8卷並未能完整地保存下來。

不過，在《漢書・天文志》中引述的石申著作的零星片段，可以使我們窺見石申在天文學和占星術兩個方面的研究內容：

歲星贏而東南，《石氏》「見彗星」，……贏東北，《石氏》「見覺星」；縮西市，《石氏》「見欃雲，如牛」；縮西北，《石氏》「見槍雲，如馬」。《石氏》「槍、欃、梧、彗異狀，其殃一也，必有破國亂君，伏死其辜，餘殃不盡，為旱、凶、飢、暴疾」。

從這些片段可以知道，石申在天文學方面的貢獻，是他與甘德所測定並精密記錄下的黃道附近恆星位置及其與北極

天文學家石申

的距離,是世界上最古的恆星表。

相傳他所測定的恆星,有138座,共880顆。從唐代《開元占經》中保存下來的石申著作的部分內容看,其中最重要的是標有「石氏曰」的121顆恆星的座標位置。

現代天文學家根據對不同時代天象的計算來驗證,表明其中一部分座標值可能是漢代所測;另一部分,如二十八宿距度等則確與西元前4世紀,即石申的時代相合。

同時,石申與甘德在戰國秦漢時影響很大,形成並列的兩大學派。漢、魏以後,石氏學派續有著述,這些書都冠有「石氏」字樣,如《石氏星經簿贊》等。

三國時代,吳太史令陳卓總合石氏、甘氏,以及殷商時代的天文學家巫咸為三家星官,構成283官、1,464星的星座體系。從此以後,出現了綜合三家星宮的占星著作,其中有一種稱為《星經》,又稱為《通占大象曆星經》,曾收入《道藏》。

該書在宋代稱《甘石星經》,託名為「漢甘公、石申著」,始見於晁公武《郡齋讀書志》的著錄,流傳至今。書中包括巫咸這一家的星官,還雜有唐代的地名,因此,後來的《甘石星經》並不能看作是石申與甘德的原著。

【旁註】

占星術：也稱占星學、星占學、星占術。是根據天象來預卜人間事務的一種方術。早期的占星術多是利用星象觀察來占卜較為重大的事件，如戰爭的勝負，國家或民族的興亡。

歲星：也稱木星，是太陽系八大行星之一，距太陽由近及遠的順序為第五，為太陽系體積最大、自轉最快的行星。木星在太陽系的八大行星中體積和質量最大，它有著極其巨大的質量，是其他七大行星總和的 2.5 倍還多，是地球的 317.89 倍，而體積則是地球的 1,316 倍。

彗星：中文俗稱「掃把星」，是太陽系中小天體之一類。由冰凍物質和塵埃組成。當它靠近太陽時即為可見。太陽的熱使彗星物質蒸發，在冰核周圍形成朦朧的彗髮和一條稀薄物質流構成的彗尾。由於太陽風的壓力，彗尾總是指向背離太陽的方向。

黃道：地球繞太陽公轉的軌道平面與天球相交的大圓。由於地球的公轉運動受到其他行星和月球等天體的引力作用，黃道面在空間的位置產生不規則的連續變化。但在變化過程中，瞬時軌道平面總是通過太陽中心。

巫咸：上古名醫、商王戊輔佐。也稱巫戊，卜辭稱咸

戊。據說長於占星術，又發明筮卜，當是神權統治的代表人物。以巫祝之方法癒疾，反映當時巫術與醫道結合於一身的情況。

【閱讀連結】

月球背面的環形山，都是用已故的世界著名科學家的名字命名的。

因為石申對天文學研究做出了傑出貢獻，所以他的名字也登上了月宮。

以石申命名的環形山，位於月球背面西北隅，離北極不遠，月球座標為東 105°、北 76°，面積 350 平方公里。

■ 科學鼻祖

創造大師

■ 創造大師

秦漢至隋唐是中國歷史上的中古時期。在這一時期,中國古代科學技術漸趨成熟,各個學科湧現出許多菁英:有總結農耕技術的氾勝之和賈思勰,有展示傳統醫學成就的張仲景和賈思勰,有取得天文曆法成果的劉洪、劉焯和一行,有做出巨大數學貢獻的劉徽和祖沖之,有奠定地理、水文科學基礎的酈道元。

這些身處前沿的治學奇才,仰觀天文,俯察地理,以其非同凡響的科學建構,支撐起中國中古時期的科學大廈,使華夏文明放射出燦爛的光華。

農學家氾勝之

氾勝之,生於西漢時氾水,即今山東省曹縣北。漢代農學家,也是中國歷史上第一位農學家。

所著《農書》,總結中國古代黃河流域農業生產經驗,記述耕作原則和作物栽培技術,是中國傳統農學經典之一。它奠定了中國傳統農學作物栽培的基礎,對促進中國農業生產的發展,產生了深遠影響。

氾勝之的先人本姓凡,在秦統一天下的過程中,為躲避戰亂,舉家遷往氾水,因此改姓氾。

氾勝之在漢成帝時出任議郎,曾在包括整個關中平原的三輔地區推廣農業,教導種植冬小麥,而且頗有成效,許多熱心於農業生產的人都前來向他請教,關中地區的農業因此取得了豐收。他在總結農業生產經驗的基礎上,寫成了農書18篇,這就是著名的《農書》。

《農書》在《隋書·經籍志》、《新唐書·藝文志》、《舊唐書·經籍志》和《通志》中都有著錄,以後失傳,只有《齊

創造大師

民要術》、《太平御覽》等北宋以前的古書摘錄了此書中的內容。經19世紀前半期至1950年代輯集之後，整理出約3,700字，這就是今天見到的氾勝之的《農書》，它展現了農業生產的技術與創新。

《農書》強調，農作物栽培要遵循基本事項。西漢時期，人們已經認知到農作物的生產是多種因素的綜合，是各種栽培技術的綜合。在整個作物栽培過程中，要注意6個不可分割的基本事項，即趣時、和土、務糞、澤、早鋤和早獲。

趣時就是不誤農時，栽培作物要不早不晚，與氣候時令同步。和土就是使土壤疏鬆，有良好的結構。土壤好，莊稼就長得好；土壤不好，莊稼當然就長得差。務糞和澤，就是注意及時施肥和灌溉。早鋤和早獲，就是及時鋤草，及時收穫。

《農書》注重應用綜合農作物栽培技術，講到了糧食和飼料等12種作物的栽培方法，以及從整地、播種到收穫的各個事項的操作要領。書中強調了栽培方法要根據作物而定，不同作物必須有不同的栽培方法，不能千篇一律。

每種作物的栽培方法都不相同，甚至差別很大，這是因為作物生長期有長短，成熟有早晚，有的需要水多，有的耐旱，有的春種秋收，有的秋種夏收，有的抽穗結實，有的在

地下結果。作物的生長方式不同,栽培技術自然也不同。

另外,麥、稻中耕除草的方法也不同。比如冬小麥和水稻的栽培方法就不一樣。

首先是播種時間不同。在關中地區,冬小麥在夏至後70天播種,水稻是冬至後110天播種。其次是麥、稻的需水量相差很大。如果秋天有雨,地裡墒情好,麥地就不用澆水;水稻則不同,從播種到成熟,都不可缺水。

由於稻田裡水的溫度對水稻生產有很大的影響,因此需要採取措施控制水溫。

氾勝之的方法是在田埂的進、出水口上。當需要水溫高一些時,就把進、出水口上下相對地開在一條直線上,使水區域性地在這一直線上通過,就可以避免整塊田的水溫下降;當需要降低水溫時,就把進、出水口錯開。這樣,新進來的低溫水在流經整塊稻田的過程中帶走熱量,使稻田裡的水溫降低。

關於整地改土技術,《農書》認為,透過整地達到和土保墒、改良土壤的目的,這是該書作者氾勝之在繼承前人經驗的基礎上做出的新貢獻。

《農書》要求,整地要提前進行,春種地要進行秋耕和春耕,秋種地要進行夏耕,使整個耕作層有良好的土壤結

構。為了防旱保墒，要特別注意選擇耕地的時間，避免秋冬乾耕，春凍未解就早耕，冬季要積雪、保雪。

《農書》還提到耕完之後，要讓耕地長草，然後再耕一次，將草埋在地下。這種作法是就是應用綠肥的開端。既利用了有機質，又消滅了雜草，這是中國利用綠肥改良土壤的獨特技術。

對於選種留種技術，氾勝之已認知到母強子良，母弱子病的種苗關係。有好種才有好苗，有好苗才能高產。為了獲得良種，必須懂得選種留種技術。

氾勝之認為，選種的標準是生長健壯，穗形相同，籽粒飽滿，成熟一致。選種的時間是在作物成熟後、收穫以前到田間去選。選好的種子不能跟非種子混雜，要單收、單打、單藏。

收藏種子要防止霉爛，防止蟲害。因此在收藏前要把種子晒乾揚淨。特別是要保存過夏天的麥種，更要用藥防蟲。

對於施肥技術，《農書》也做了總結。施肥技術在中國發展很早，據說殷商時已有施肥的紀錄。然而明確認知施肥是為了供給作物生長的養分，改善作物所需要的土壤條件，又將肥料分作基肥、種肥、追肥和特殊的溲種法等，這都是秦漢時才有，由氾勝之在此書中做了總結。

對於中耕除草與嫁接技術，氾勝之講，中耕除草有間苗、防凍、保墒、增產這4個作用。

以小麥為例，當麥苗顯出黃色時，那表明太密了，要透過中耕除草把麥苗鋤稀些。秋鋤後，要用耙耮把土壅在麥根上，這樣可以保墒、保溫、防凍。麥苗返青時要鋤一次。榆樹結莢時，地面乾成白色，又要鋤一次。小麥經過三四次中耕除草，會使產量成倍地增加。

氾勝之又以種葫蘆為例，記述了西漢的嫁接技術。當葫蘆苗長到2尺多長時，便把10根莖蔓捆在一起，用布纏繞5寸長，外面用泥封固。不到10日，纏繞的地方便合為一莖，然後選出一根最強壯的莖蔓讓它繼續生長，把其餘9根莖蔓掐去，這樣結出的葫蘆又大又好。

對於輪作、間作與混作技術，《氾勝之書》中記述了西漢農作物的輪作、間作與混作技術。如穀子收穫以後種麥；瓜田裡種韭菜、小豆；黍與桑葚混播，桑苗生長不受妨礙，還能多收一季黍。這些技術的採用，提升了土地利用率，達到了增產增收的目的。

對於創新區種法，《農書》也做了說明。區種法是一種高產栽培方法，主要是依靠肥料的力量，不一定非要好田。即使在高山、丘陵上，在城郊的陡坡、土堆、城牆上都可以做成區田。

創造大師

《農書》依據不同的地形，採用了兩種區田布置方法，一是帶狀區種法；二是方形區種法。兩種布置方式都要求等距、密植、全苗、施肥充足、澆水及時，以及精密的田間管理。這樣，據說小麥畝產可達 4,187 斤。這個數字顯然誇大了，但它卻為後世指出了精耕細作、提升單位面積產量的方向。

《農書》所記載的農業科技成就，顯示了秦及西漢時期的農業科學技術水準，對北方旱作農業產生了深遠的影響。

在氾勝之的《農書》以後，有關區田的著作有 10 多種，曾有人將這些書籍為《區種五種》和《區種十種》出版。對此書中的區田法，其影響還尤為深遠，金代曾以行政力量，在黃河流域推行。明清時代也有不少人倡議實行。現代陝西、山東等地所採用的「掏缽種」或「窩種」，其原理與區田法是一致的。

氾勝之《農書》所列舉的作物栽培方法，奠定了中國傳統農學作物栽培總論和各論的基礎，而且其寫作體例也成了中國傳統綜合性農書的重要範本。從《齊民要術》到《王禎農書》，再到《農政全書》莫不如此。凡此種種，足以證明農學家氾勝之對中國農學的重大貢獻。

【旁註】

氾水：古水名。故道在今山東省曹縣西北 20 公里和定陶縣分界處。從古濟水分出，東北流至定陶縣北，注入古菏澤。漢代有氾勝之在此發展農業生產。西元前 202 年，漢高祖劉邦在氾水之畔的定陶即位，古蹟現有定陶縣仿山鄉姜樓村的官崗堆。

時令：泛指季節。古時按季節制定有關農事的政令。中國大多數習俗都與時令有關。比如「春分不砍柴」，「春分」是農業二十四節氣的第四節，人們說這天是百鳥分山的日子，如打動草木，莊稼必遭鳥害。今天很多地方仍保留此習俗。

墒情：作物耕層土壤中含水量多寡的情況。在中國，通常是指在北方旱作農業區土壤的含水狀況。為了保墒，就要設法減少耕層土壤水分損耗，使存在土壤中的水分盡可能地被作物吸收利用。比如在農田表面鋪設覆蓋物，如稭稈、塑膠薄膜等。

綠肥：是用作肥料的綠色植物體。綠肥對改良土壤也有很大作用，比如：為農作物提供其養分含量；增加土壤有機質;可以減少養分損失，保護生態環境;可改善農作物茬口，減少病蟲害；提供優質飼草，發展畜牧業。

創造大師

殷商：又稱殷、商，是中國歷史上的第二個朝代，是中國第一個有直接同時期文字記載的王朝。夏朝的諸侯國商部落首領商朝是處於奴隸制鼎盛時期，奴隸主貴族是統治階級，形成了龐大的官僚統治機構和軍隊。

漢成帝（西元前51年～西元前7年）：即劉驁。漢元帝長子，母王政君。西漢第十二位皇帝。諡號「孝成皇帝」，葬於延陵，廟號統宗。統治時期，政治腐敗，成帝縱情聲色，大地主、大官僚兼併土地，導致銅車起義等農民起義爆發，漢朝從此衰落，病入膏肓。

【閱讀連結】

氾勝之具有突出的重農思想。

他說：「神農之教，雖有石城湯池，帶甲百萬，而又無粟者，弗能守也。夫穀帛實天下之命。」把糧食布帛看作國計民生的命脈所繫，是當時一些進步思想家的共識。

氾勝之的特點是把推廣先進的農業科學技術作為發展農業生產的重要途徑。他曾經表彰一名佚名的衛尉：「衛尉前上蠶法，今上農法。民事人所忽略，衛尉勤之，忠國愛民之至。」

在這裡，他把推廣先進農業科技，發展農業生產提升到「忠國愛民」的高度。

醫學偉人張仲景

張仲景（約西元 154 年～約西元 219 年），名機，字仲景。生於東漢時南陽郡涅陽縣，即今河南省鄧州市和鎮平縣。東漢偉大的醫學家。世界醫史偉人，被奉為「醫聖」。

其所著《傷寒雜病論》，是中醫史上第一部理、法、方、藥具備的經典，是中國醫學史上影響最大的著作之一，是後學者研習中醫必備的經典著作，廣泛受到醫學生和臨床大夫的重視。

張仲景兒童時就很聰穎，成年後拜同郡張伯祖為師學醫，頗有造詣，時人稱讚他的醫術已超越老師。

在那個戰爭頻繁的年代，疾病流行。當時著名的「建安十子」中，就有徐幹、陳琳、應瑒、劉楨因傳染病死去的，可見疾疫流行的嚴重程度。當時人們對疾病的認知卻是錯誤的，一些患病之家迷信巫神，總是企圖用禱告驅走病魔。

醫生得不到臨床機會，所以很少研究醫術，而終日卻以主要精力結識豪門，追求榮勢，這樣醫學當然很難得到發展。

創造大師

在這樣的歷史背景下,張仲景深有感觸,決心解決危害人民的疾病問題。為此,他從閱讀《素問》、《九卷》、《八十一難》、《陰陽大論》等前代古籍入手,在「勤求古訓、博採眾方」的基礎上,經過臨床驗證,最終寫成《傷寒雜病論》一書。

《傷寒雜病論》原書 16 卷,因戰亂關係,書籍曾經散失,現存張仲景著作是經西晉太醫王叔和整理過的。計整理出《傷寒論》10 卷、《金匱玉函經》8 卷、《金匱要略方》3 卷。上述書籍,《金匱玉函經》在北宋以後流傳並不廣泛,研究者很少,《傷寒論》和《金匱要略方》則流傳日廣。特別是《傷寒論》,在北宋時研究者就開始增多,其主要學術內容是多方面的。

首先,《傷寒論》確立了辨證施治基礎。

《傷寒論》發展了《內經》學說,確立以「六經」作為辨證施治的基礎。「六經」辨證原是《素問・熱論篇》根據古代陰陽學說在醫學中運用而提出的辨證綱領。

「六經」是指太陽、陽明、少陽;太陰、少陰、厥陰,是按照外感發熱病起始後,在發展過程中出現的各種症狀,並結合患者體質強弱的不同,臟腑和經絡的生理變化,以及病勢進退緩急,加以分析綜合得出的對疾病的印象。

太陽、陽明,少陽是指表、熱、實證;太陰、少陰、厥

陰是裡，寒、虛證。

凡病之初起，疾病在淺表，出現熱實現象的，如脈浮，頭項強痛而惡寒者，屬於陽證的便稱太陽病。凡病邪入裡，病情屬於陽證，並表現胃中燥實，大便乾燥、發熱譫語、口渴、舌苔黃厚等屬熱實在裡，稱陽明病。

另一種既非表證，又非裡證，症狀表現為口苦、咽乾、目眩、胸脅苦滿、寒熱往來的半表半裡狀態，也屬陽證範圍，稱少陽病。

所謂三陰病，一般多是三陽病轉變而來，特點是不發熱，症狀表現虛寒現象。如腹滿、嘔吐、腹瀉、口不渴、食不下等稱太陰病；如疾病出現脈象微細、四肢厥逆、怕冷、喜熱飲，說明氣血虛弱，稱少陰病；還有一類疾病多因誤治，呈現上熱下寒，忽冷忽熱，飢而不思食，或下利不止，手足厥冷，呈現寒熱錯雜現象的稱厥陰病。

上述按「六經」症候的分類並不是孤立的6種症候群，而是它和人體臟腑、經絡、氣化各方面都連繫在一起進行觀察。總之，三陽表示肌體抵抗力強，病勢亢奮。三陰病表示肌體抵抗力弱，病勢虛弱。

「六經」辨證的治療，各有一定治則。如太陽病按症候又有中風、傷寒、溫病之分。

凡無汗、脈緊的，屬表實，方用麻黃湯發汗，開腠理，驅寒邪。如脈浮緩，有自汗，屬表虛，則用桂枝湯解肌發汗。其他按證立方。

屬於陽明病的，主要指胃有實熱或邪熱蘊裡，又有陽明經證和陽明腑證之分。前者身熱，汗自出，不惡寒，反惡熱者，治療以白虎湯清熱保津為主；後者，證見身燒壯熱，或潮熱，手足有汗，繞臍痛，大便秘結，小便黃赤，故治療以用三承氣湯攻下燥結為主。

少陽病邪在半表半裡之間，故以大、小柴胡湯為主方。至於三陰病，因屬虛寒、虛熱之證，疾病起因多屬寒邪直中少陰，以及年老虛弱抗邪乏力之人，病情均較險峻。

另一種則為傳經之邪，因誤治而呈現身體蜷縮，手足厥冷、昏沉萎靡或下利不止，脈象不清等，是危重之象。法以理中湯、四逆湯或附子湯為主方，取溫通中陽和回陽救陰之效。

張仲景「六經」證治，乃是在當時疾病流行之時，透過醫療實踐總結了一個熱病治療的規律。

其次，《傷寒論》創造了「八綱」辨證的診斷方法。

《傷寒論》在辨證論治方面也有重要創造，這就是診斷疾病時，以陰、陽、表、裡、寒、熱、虛、實為綱，通稱

「八綱」,「八綱」中陰、陽為總綱。

表、熱、實屬陽;裡、寒,虛屬陰。凡外感疾病,對身體壯實的人來說,多邪從陽化,形成表、熱、實證。而對身體虛弱的人來說,病邪多從陰化,成為裡,寒、虛證。

「八綱」辨證的診斷方法是應用望、聞、問、切四診法。從觀察病人面色、形體、舌質,聆聽病人聲音,嗅聞排洩物氣味,詢問病史,現有病情,以及透過切脈、診肌膚,了解病情的諸方面,從而取得疾病的深淺程度,病象的寒熱、盛衰印象,然後分別疾病所屬三陽,三陰的某一類型。

張仲景《傷寒論》非常重視疾病的變化和假象。如一些症狀,類似實熱症候,而脈象卻呈現沉細無力的,或如四肢厥逆者,而脈象卻呈現沉滑有力的,都是真寒假熱或真熱假寒現象,《傷寒論》有多條例證。

另外,張仲景認為在診斷病情時,脈象和徵候要互相參考取得病情基礎,有時要根據症狀診斷病情,有時要根據脈象診斷病情。

最後,《傷寒論》提出了用藥方法。

《傷寒論》在用藥方法上是多種多樣的,可歸納為汗、吐、下、和、溫、清、補、消 8 種方法。也可說是按照病情用藥時的 8 個立方原則,通稱「八法」。針對不同病情,可

創造大師

分別採取汗下、溫清、攻補或消補的方法,也可分別並用。

凡寒證用熱藥或熱證用寒藥,為「正治法」。如疾病出現前面所說的真寒假熱或真熱假寒現象,可採取涼藥溫服,熱藥冷服,或者涼藥中少佐溫藥,溫藥中少佐涼藥。這稱為「反治法」。

《傷寒論》一書所展現的治療方法是多種多樣的,是依據臨床實際制定治療方案的。有時先表後裡,有時先裡後表,或表裡同治,極為靈活變通。後世總結該書共包括397法,113方。其中「扶正祛邪」、「活血化瘀」、「育陰清熱」、「溫中散寒」等治療方法,對後世學者有很大啟發,得到廣泛應用。

《傷寒雜病論》成書以後,對後世醫學之發展影響極大。其中,「六經」辨證論治的體系,具有極高的臨床實用價值。其系統的辨證施治思想不僅對外感熱病的診治具有指導意義,而且廣泛適用於中醫臨證各科。

「八綱」辨證是在《內經》理論的指導下,對「六經」辨證內容在另一個理論高度上加以系統化、抽象化,是「六經」辨證的繼承和發展;臟腑辨證為後世臟腑辨證理論體系的最終形成,奠定了良好的基礎。

溫病學說實為傷寒學說之發展和補充,二者相互補充,使中醫外感病症治療體系趨於完善;本草學說為後世本草學

之研究,開創了一個新局面;方劑學成就基本包括了臨床各科的常用方劑,故被譽為「方書之祖」。

總之,《傷寒雜病論》所確立的辨證論治原則和收錄的著名方劑等,向為歷代醫家奉為圭臬,因而該書實為後世臨證醫學之基石。

【旁註】

建安七子:建安年間,即西元 196 年～西元 220 年七位文學家的合稱,包括孔融、陳琳、王粲、徐幹、阮瑀、應瑒、劉楨。他們大體上代表了建安時期除曹氏父子外的優秀作者。他們對於詩、賦、散文的發展,都曾做出過貢獻。

臟腑:指人體的內臟器官,為五臟和六腑的統稱。古人把內臟分為五臟和六腑兩大類,五臟是心、肝、脾、肺、腎;六腑是膽、胃、大腸、小腸、膀胱和三焦。此外還有一個心包絡,它是心的外衛,在功能和病態上,都與心臟相互一致,因此,它也是屬於臟。

症候:中醫學的專用術語。證的外候,即疾病過程中一定階段的病位、病因、病性、病勢及機體抗病能力的強弱等本質連繫的反應狀態,表現為臨床可被觀察到的症狀等。

脈象:中醫診斷學名詞。脈動應指的形象。包括頻率、節律、充盈度、通暢的情況、動勢的和緩、波動的幅度等。

脈象的形成，與臟腑氣血關係密切。

寒證：中醫認為，寒邪侵襲，或陽虛陰盛，以惡寒，或畏寒，肢冷喜暖，口淡不渴，面白蜷臥，分泌物、排洩物清稀，舌淡苔白，脈緊或遲等為常見症的寒性症候。

熱證：中醫認為，熱邪侵襲，或陽氣亢盛，以身熱煩躁，面目紅赤，唇紅而乾，咽燥口渴，喜冷飲，大便祕結，小便短赤，舌紅苔黃，脈數等為常見症的熱性症候。

方劑：在辨證、辨病，確定立法的基礎上，根據組方原則和結構，選擇適宜藥物組合而成的藥方和製劑。中國古代很早已使用單味藥物治療疾病。經過長期的醫療實踐，又學會將幾種藥物搭配起來，經過煎煮製成湯液，即是最早的方劑。

張伯祖：東漢醫家。南郡涅陽，即今河南省南陽人，篤好醫方，精明脈證。其療病每有奇效。張仲景聞其名而拜為師，盡得其傳，為醫中之聖。

王叔和（西元201年～西元280年）：名熙，西晉高平，即今山東省鄒城市人。魏晉之際的著名醫學家、醫書編纂家。在中醫學發展史上，他做出了兩大重要貢獻，一是整理《傷寒論》；一是著述《脈經》。

【閱讀連結】

張仲景在任長沙太守期間，對前來求醫者總是熱情接待，細心診治，從不拒絕。剛開始他是在處理完公務之後，在後堂或自己家中為人治病；後來由於前來治病者越來越多，使他應接不暇，於是他乾脆把診所搬到了長沙大堂，公開坐堂應診，首創了名醫坐大堂的先例。

後來，人民為了懷念張仲景，便把坐在藥局內治病的醫生通稱為「坐堂醫」。這些醫生也把自己開設的藥局取名為「××堂藥店」，這就是中醫藥局稱「堂」的來歷。

◾ 創造大師

天文學家劉洪

劉洪（西元129年～西元210年），字元卓。生於東漢時泰山郡蒙陰，即今山東省蒙陰縣。漢代傑出的天文學家和數學家。

劉洪的貢獻是多方面的，但主要成就在天文曆法上，他的天文曆法成就大都記錄在《乾象曆》中。其中對月亮運動和交食的研究成果最為突出，堪稱與月同輝的天文學家。

劉洪是漢光武帝劉秀姪子魯王劉興的後代，自幼受到了良好的教育，青年時期曾任校尉之職，對天文曆法有特殊的興趣。西元160年，他的天文曆法天才漸為世人所知，被調任太史部郎中，執掌天時、星曆。

此後10餘年，他積極從事天文觀測與研究工作，奠定了堅實的天文曆法基礎。在此期間，他與參與人一起測定了二十四節氣，以及太陽所在恆星間的位置、午中太陽的影長等天文數值。

約西元174年，劉洪關於太陽、月亮和「金、木、水、

火、土」五大行星的天文學專著《七曜術》，引起了朝廷的重視。漢靈帝特下詔派太史部官員對其校驗。

劉洪依據校驗結果，對原術進行了修訂，寫成《八元術》。測量天文數值和寫成天文學著作，是他步入天文曆法界的最初貢獻。

鑑於劉洪在天文曆算上的深厚造詣，蔡邕推舉他到東觀一起編撰《東漢律曆志》。蔡邕善著文、通音律，劉洪精通曆理和算術，兩人優勢互補，出色完成了編撰任務。劉洪隨即提出的改曆之議雖然並未獲准，但他卻因此名聲大振，成為當時頗負眾望的天文學家。

此後，他主持評議王漢提出的交食週期的工作，又參與評議馮恂和宗誠關於月食預報和交食週期的論爭。劉洪以其淵博的學識和精當的見解，均獲得高度讚譽。不久，他初步完成並獻上他的《乾象曆》。

由於曆中對月亮運動的描述具有明顯的優越性和可靠性，當即被採納，取代了東漢《四分曆》中的月行術。

約西元189年，漢靈帝任劉洪為山陽郡。在這以後大約10年的時間裡，劉洪在努力處理繁重政務的同時，繼續改良和完善他的《乾象曆》，並注重培養學生，力圖使對天文曆法的研究後繼有人。

創造大師

當時著名的學者鄭玄、徐岳、楊偉、韓翊等人都曾先後出其門下,這些人後來為普及或發展《乾象曆》做出了各自的貢獻。

西元 206 年,劉洪最後審定完《乾象曆》,把累積多年的研究結果加了進去。雖然劉洪生前沒有看到《乾象曆》的正式頒行,但他數十年心血沒有白費,經徐岳的學生闞澤等人的努力,《乾象曆》於西元 232 年至西元 280 年正式在東吳使用。

劉洪的《乾象曆》創新頗多,不但使傳統曆法面貌為之一新,且對後世曆法產生巨大影響。至此,中國古代曆法體系最後形成。劉洪以劃時代的天文學家而名垂青史。

劉洪的《乾象曆》確立了很多曆法概念及經典的曆算方法,是中國古代曆法體系最終形成的象徵,其中對月亮運動和交食的 6 項研究成果,具有劃時代的意義。

第一項成果:提出朔望月和回歸年長度兩值偏大。

劉洪在研究中發現,根據前人所取的朔望月和回歸年長度值推得的朔望弦晦及節氣時刻,總滯後於實測值。經過數十年潛心思索,他大膽提出上述兩值均偏大的正確結論,並進行修正。

劉洪透過實測,用推算出的新數值取代舊數值,不僅具

有提升準確度的科學意義,而且他那種勇於突破傳統觀念、打破僵局的勇敢態度為後來者做出了光輝的榜樣。

第二項成果:確立近點月概念和它的長度計算方法。

劉洪在《乾象曆》中對月亮近地點的移動做了精闢的總結,得出了獨特的定量描述方法。月亮的運動有遲有疾,其近地點也不斷向前移動。

劉洪經過測算,得出月亮每經一個近點月時,近地點前推進的數值,又進一步建立了計算近點月長度的公式,並明確提出了具體數值。中國古代的近點月概念和它的長度的計算方法從此得以確立,這是劉洪關於月亮運動研究的一大貢獻。

第三項成果:解決了後世曆法定朔計算的關鍵問題。

劉洪長期堅持每日昏旦觀測月亮相對於恆星背景的位置,獲得了大量的第一手數值,進而推算出月亮從近地點開始在一個近點月內的每日實行度值。

劉洪把月亮每日實行度、相鄰兩日月亮實行度之差,每日月亮實行度與平行度之差,和該差數的累積值等數值製成表,即月亮運動不均勻性改正數值表。這就是月離表,為劉洪首創。

要想求任一時刻月亮運動相對於平均運動的改正值,可

依此表用一次內插法加以計算。這個定量描述月亮運動不均勻性的方法和月離表推演算法,是中國古代曆法的經典內容之一,後世莫不從之。

在《乾象曆》中,該法僅用於交食計算;實際上月離表已經解決了後世曆法定朔計算的關鍵問題。

第四項成果:確定了黃白交點退行概念的確立和退行值。

劉洪確立了黃白交點退行的新概念,雖然他沒有提出交點月長度的明確概念和具體數值,但實際上已經為此準備了充分和必要的條件,為後世發展奠定了基礎。

黃白交點退行概念的確立和退行值的確定,是劉洪在月亮運動研究方面又一重大進展。

第五項成果:建立了月亮運動軌道,即白道的概念。

劉洪對月亮運動研究的另一重大成就是關於月亮運動軌道,即白道概念的建立。這象徵著自戰國以來對月亮運動軌跡含糊不清的定性描述局面的結束。

劉洪提出的黃緯值為 6.1 度,誤差 0.62 度。劉洪還提出了月亮從黃白交點出發,每經一日距離黃道南或北的黃緯度值表格,可由該表格依一次內插法推算任一時刻的月亮黃緯。這就較好地解決了月亮沿白道運動的一個座標量的計算問題。

研究顯示,這一方法推得的月亮黃緯值的誤差僅為0.44度。此外,劉洪還提出了月亮距赤道度距的計算方法。這些表述和方法都對後世曆法產生了深遠影響。

第六項成果:對交食週期的探索。

劉洪提出11,045個朔望月正好和941個食年相當的新交食週期值,推得一個食年長度,其結果的精度大大超過前人及同代人。

除上述研究成果外,劉洪在五星運動研究上也取得了一些進展。如關於五星會合週期的測算,在東晉以後,就被《乾象曆》的五星法所取代,並自此沿用了百年之久。所以《乾象曆》的五星法無論在當時還是在其後較長一段時間內,都是很有影響的。

劉洪取得了一系列令人矚目的天文學成就,這些成就的顯著特點是「新」和「精」,或是使原有天文數值精確化,或是對「新天文概念」、「新天文數值」、「新天文表格」、「新推算方法」的闡明,它們大都載於《乾象曆》中。難怪有人稱讚《乾象曆》是窮幽極微的傑作。

劉洪的《乾象曆》使傳統曆法的基本內容和模式更加完備,他所發明的一系列方法成為後世曆法的典範。這些成果,成為中國古代曆法體系最終形成的里程碑,已經被載入史冊。

創造大師

【旁註】

漢靈帝（西元156年～西元189年）：即劉宏，字大。東漢第十一位皇帝。諡號「孝靈皇帝」，葬於文陵。漢靈帝與其前任漢桓帝的統治時期是東漢最黑暗的時期，諸葛亮的《出師表》中就有蜀漢開國皇帝劉備每次「嘆息痛恨於桓靈」的陳述。

律曆志：也稱作「律厤」。指樂律和曆法。記載當時的樂律理論，是正史書志十分重要的內容。至東漢時班固著《漢書》，把樂律和曆法結合在一起，於是出現了《漢書》的第一個「志」，即〈律曆志〉。

朔望月：又稱「太陰月」。月球連續兩次合朔的時間間隔。為月相盈虧的週期。當月亮處於太陽和地球之間時，我們無法看到月亮，這就是「朔」；而當地球處於月亮與太陽之間時，月亮被太陽照亮的半球朝向地球，這就是滿月，也就是「望」。

近點月：是指月球連續兩次過近地點的時間間隔。即月球繞地球公轉連續兩次經過近地點或遠地點的時間間隔，是月球執行的一種週期。

定朔：是中國古代傳統曆法中，確定每月第一天的一種計算方法，與平朔相對。這種演算法考慮了太陽執行和月

球執行的不均等性,將含有真正「朔」的當天作為每月的開始,反映了真實的天象。

白道:月球繞地球瞬時軌道面與天球相交的大圓。首先月亮的公轉軌道在空間中不是一個圓,但如果把它投影在天球上,則它必然是天球上的一個大圓。所以,白道在天球上是一個大圓。

交食週期:日月交食週期,即朔望月與交點月的公倍數有以下幾種,三統曆週期,135個朔望月;沙羅週期,223個朔望月;紐康週期,358個朔望月。利用交食週期,只能預測日食發生的大概日期和情況。

五星:是指水星、金星、火星、木星、土星五星。這5顆星最初分別叫辰星、太白、熒惑、歲星、鎮星,這也是古代對這5顆星的通常稱法。把這5顆星叫金木水火土,是把地上的五原素配上天上的5顆行星而產生的。

漢光武帝劉秀(西元前5年～西元前57年):東漢王朝開國皇帝,中國歷史上著名的政治家、軍事家。在位33年。諡號「漢光武皇帝」,廟號漢世祖,葬於陵墓漢陵。在位期間大興儒學、推崇氣節,開創「光武中興」的治世,被後世史家推崇為中國歷史上「風化最美、儒學最盛」的時代。

創造大師

【閱讀連結】

劉洪創造的〈正負數歌訣〉「強正弱負,強弱相併,同名相從,異名相消。其相減也,同名相消,異名相從,無對無之……」為世人公認,被時人稱為「算聖」。

劉洪曾擔任過「上計掾」一職,即年終統計財政收入的官員,工作量大,技術性強。東漢魏人徐岳在其所著的《數術記遺》中記載:「劉會稽,博學多聞,偏於數學……隸首注術,仍有多種,其一珠算。」這裡的劉會稽即劉洪。

劉洪的數學才能,為以後取得天文曆算方面的成就幫助極大。

數學家劉徽

劉徽（約西元225年～約西元295年），山東鄒平縣人。魏晉時期數學家。他是中國最早明確主張用邏輯推理的方式來論證數學命題的人，中國古典數學理論的奠基者之一。

其傑作《九章算術注》是中國最寶貴的數學遺產，是中華民族寶貴的財富。被稱為「中國數學史上的牛頓」。

劉徽出身平民，終生未仕。他在童年時代學習數學時，是以《九章算術》為主要讀本的，成年後又對該書深入研究。在長期研習過程中，他發現《九章算術》奧妙無窮，但同時也發現了其中存在的問題。

在當時，劉徽所面對的，是一分堪稱豐厚而又有嚴重缺陷的數學遺產。

其基本情況是：《九章算術》約成書於東漢之初，沒有具體的作者，當時的研究者主要有張蒼、耿壽昌。此書共有246個問題的解法，在許多方面如解聯立方程式，分數四則運算，正負數運算，幾何圖形的體積面積計算等，都屬於世

創造大師

界先進之列。

但《九章算術》只有術文、例題和答案，沒有任何證明。張蒼、耿壽昌之後的許多數學家們，儘管在論證《九章算術》公式的正確性上做了可貴的努力，但這些方法多屬歸納論證，對《九章算術》大多難度較大的演算法尚未提出嚴格證明，它的某些錯誤沒有被指出。

也就是說，劉徽之前的數學水準沒有在《九章算術》的基礎上推進多少，這就為劉徽留下了馳騁的天地。

於是，劉徽經過深入研究後，在西元263年寫成《九章算術注》，對上述存在的問題均做了補充證明。《九章算術注》的第十卷題為〈重差〉，即後來的〈海島算經〉，內容是測量目標物的高和遠的計算方法。

《九章算術注》的完成，是劉徽數學研究過程中里程碑式的成就，也使他登上了數學舞臺。

劉徽在證明過程中，展示了他的創造性貢獻。他建立了中國古代數學體系，並奠定了它的理論基礎。這個數學體系包括以下幾個方面：

一是用數的同類與異類闡述了通分、約分、四則運算，以及繁分數化簡等的運演算法則。在開方術的注釋中，他從開方不盡的意義出發，論述了無理方根的存在，並

引進了新數,創造了用十進位數無限逼近無理根的方法。

二是在籌算理論上,先給率以比較明確的定義,又以遍乘、通約、齊同等三種基本運算為基礎,建立了數與式運算的統一的理論基礎。他還用「率」來定義中國古代數學中的「方程」,即現代數學中線性方程組的增廣矩陣。

三是逐一論證了有關勾股定理與解勾股形的計算原理,建立了相似勾股形理論,發展了勾股測量術,透過對「勾中容橫」與「股中容直」之類的典型圖形的論析,形成了中國特色的相似理論。

四是在面積與體積理論方面,他用出入相補、以盈補虛的原理及「割圓術」的極限方法提出了劉徽原理,並解決了多種幾何形、幾何體的面積、體積計算問題。這些方面的理論價值至今仍閃爍著餘暉。

劉徽除了建立中國古代數學體系,還提出了有代表性的創見。主要有以下幾項:

一是在幾何方面提出了「割圓術」,即將圓周用內接或外切正多邊形窮竭的一種求圓面積和圓周長的方法。

他利用割圓術科學地求出了圓周率 $\pi=3.1416$ 的結果。他提出的計算圓周率的科學方法,奠定了此後千餘年來中國圓周率計算在世界上的領先地位。

他還利用割圓術,從直徑為 2 尺的圓內接正六邊形開始

割圓,依次得正 12 邊形、正 24 邊形等,割得越細,正多邊形面積和圓面積之差越小,用他的原話說是「割之彌細,所失彌少,割之又割,以至於不可割,則與圓周合體而無所失矣。」他計算了 3,072 邊形面積並驗證了這個值。

二是在《九章算術‧陽馬術》注中,在用無限分割的方法解決錐體體積時,提出了關於多面體體積計算的劉徽原理。

三是創見「牟合方蓋」說。「牟合方蓋」是指正方體的兩個軸互相垂直的內切圓柱體的相交部分。在《九章算術‧開立圓術》注中,他指出了原來的球體積公式的不精確性,與此同時,引入了「牟合方蓋」這一著名的幾何模型。

四是在《九章算術方程術》注中,他提出了解線性方程組的新方法,運用了比率演算法的思想。劉徽還在《海島算經》中,提出了重差術,採用了重表、連索和累矩等測高測遠方法。

他運用「類推衍化」的方法,使重差術由兩次測望,發展為「三望」、「四望」。而印度在 7 世紀,歐洲在 15 世紀至 16 世紀才開始研究兩次測望的問題。

事實上,整個《九章算術注》在數學命題的論證上,主要使用了演繹推理,即三段論、關係推理、連鎖推理、假言推理、選言推理以及二難推理等演繹推理形式。劉徽《九章

算術注》不僅有概念，有命題，而且有連結這些概念和命題的邏輯推理。

這就象徵著中國古代數學形成了自己的理論體系。

劉徽的數學體系及其創見，不僅對中國古代數學發展產生了深遠影響，在世界數學史上也確立了崇高的歷史地位。鑑於劉徽的重大貢獻，不少書上把他稱作「中國數學史上的牛頓」。

【旁註】

《九章算術》：東漢末年的第一部數學專著。該書內容十分豐富，系統化總結了戰國、秦、漢時期的數學成就。是「算經十書」中最重要的一種，也是當時世界上最先進的應用數學。它的出現，象徵著中國古代數學形成了完整的體系。

籌算：也叫策算。中國古代用竹製的算籌記數，進行加、減、乘、除、開方等運算，稱為籌算。開始於春秋時期，直至明代才被珠算代替。

割圓術：由魏晉時期的數學家劉徽首創。是用圓內接正多邊形的周長去無限逼近圓周並以此求取圓周率的方法。劉徽的「割圓術」卻在人類歷史上首次將極限和無窮小分割引入數學證明，成為人類文明史中不朽的篇章。

線性方程組:是各個方程關於未知量均為一次的方程組。劉徽在《九章算術》方程章中,對線性方程組的研究,比歐洲早至少1,500年。

張蒼(西元前256年～西元前152年):陽武縣,即今河南省原陽縣人。西漢丞相,封北平侯。張蒼校正《九章算術》,制定曆法,也是中國歷史上主張廢除肉刑的一位古代科學家。張蒼墓位於原陽縣城關鎮,為清康熙年間立。

【閱讀連結】

在中國,首先是由數學家劉徽得出較精確的圓周率:$\pi=3.1416$,通常稱為「徽率」,他指出這是不足近似值。後來,祖沖之算出了π後面的8位可靠數字,不但在當時是最精密的圓周率,而且保持世界紀錄900多年。以致於有數學史家提議將這一結果命名為「祖率」。

追根溯源,其實正是基於對劉徽割圓術的繼承與發展,祖沖之才能得到這一非凡的成果。因而當我們稱頌祖沖之的功績時,不要忘記他的成就取得是因為他站在數學偉人劉徽肩膀上的緣故。

科學家祖沖之

祖沖之（西元 429 年～西元 500 年），字文遠。祖籍范陽郡遒縣，即今河北省淶水縣。南北朝時期傑出的科學家。

他的主要成就是把圓周率推算到小數點後 7 位，人們他的名字被命名為「祖沖之圓周率」，簡稱「祖率」。他還創立了《大明曆》，是當時世界上最先進的曆法。

祖沖之很小的時候，正處於西晉末年這一戰亂時期，由於故鄉遭到戰爭的破壞，他家遷到江南。

祖沖之的祖父祖昌，曾在宋朝政府裡擔任過大匠卿，負責主持建築工程，是掌握了一些科學技術知識的；同時，祖家歷代對於天文曆法都很有研究。因此祖沖之從小就有接觸科學技術的機會。

祖沖之對於自然科學和文學、哲學都有廣泛的興趣，特別是對天文、數學和機械製造，更有強烈的愛好和深入的鑽研。

祖沖之在青年時期，就有了博學多才的名聲，並且被政

創造大師

府派到當時的一個學術研究機構去做研究工作。後來他又擔任過一些地方上的官職。

祖沖之晚年的時候，南齊統治集團發生了內亂，政治腐敗黑暗，人民生活非常痛苦。北魏趁機發大兵向南進攻。對於這種內憂外患重重逼迫的政治局面，祖沖之非常關心。

大約在西元 494 年至西元 498 年之間，祖沖之在擔任長水校尉的官職時寫了一篇〈安邊論〉，建議政府開墾荒地，發展農業，增強國力，安定民生，鞏固國防。但是由於連年戰爭，他的建議始終沒有實現。過沒多久，這位卓越的大科學家在西元 500 年的時候去世了。

祖沖之在生活中雖然飽受戰亂之苦，但他仍然繼續堅持學術研究，並且取得了很大的成就。他研究學術的態度非常嚴謹。他十分重視古人研究的成果，但又絕不迷信，完全聽從於古人。

一方面，他對於古代科學家劉歆、張衡、劉徽、劉洪等人的著述都做了深入的研究，充分吸取其中一切有用的東西；另一方面，他又勇於大膽懷疑前人在科學研究方面的結論，並透過實際觀察和研究，加以修正補充，從而取得許多極有價值的科學成果。

祖沖之是歷史上少有的博學多才的人物。他曾經重新造出了指南車、千里船、水碓磨等多種巧妙機械。此外，他精

通音律，擅長下棋，還寫有小說《述異記》。

祖沖之最大的貢獻在天文和數學方面，是一位傑出的數學家和天文學家。

數學成就：在數學方面，祖沖之寫的《綴術》一書，被收入著名的《算經十書》中，作為唐代國子監算學課本，可惜後來失傳了。《隋書‧律曆志》留下一小段關於圓周率（π）的記載，祖沖之算出 π 的真實數值在 3.1415926 和 3.1415927 之間，相當於精確到小數第七位，簡化成 3.1415926。「祖率」是當時世界上最先進的成就。

祖沖之還提出 π 的兩個分數形式，即約率和密率，其中密率精確到小數第七位。祖沖之還和兒子祖暅一起圓滿地利用「牟合方蓋」，解決了球體積的計算問題，得到正確的球體積公式。

天文曆法成就：祖沖之在天文曆法方面的成就，大都包含在他所編製的《大明曆》及為《大明曆》所寫的駁議中。在祖沖之之前，人們使用的曆法是天文學家何承天編製的《元嘉曆》。

祖沖之經過多年的觀測和推算，發現《元嘉曆》存在很大的誤差。於是祖沖之著手制定新的曆法，在西元 462 年，他編製成了《大明曆》。《大明曆》在祖沖之生前始終沒能採用，直至西元 510 年才正式頒布施行。

《大明曆》的主要成就在於：區分了回歸年和恆星年，首次把歲差引進曆法，測得歲差為45年11月差一度；定一個回歸年為365.24281481日，直至西元1199年南宋楊忠輔制統天曆以前，它一直是最精確的數值。

採用391年置144閏的新閏周，比以往曆法採用的19年置7閏的閏周更加精密；定交點月日數為27.21223日；得出木星每84年超辰一次的結論，即定木星公轉週期為11.858年。

提出了更精確的五星會合週期，其中水星和木星的會合週期也接近現代的數值；提出了用圭表測量正午太陽影長以定冬至時刻的方法。

祖沖之在天文曆法以及數學等方面的輝煌成就，充分表現了中國古代科學的高度發展水準。他編製的《大明曆》象徵著中國古代曆法科學的一大進步，開闢了曆法史的新紀元。

他求得圓周率7位精確小數值，打破以前的歷史的紀錄，是世界範圍內數學領域的里程碑。祖沖之不僅是中國歷史上傑出的科學家，而且在世界科學發展史上也有崇高的地位。

【旁註】

西晉：中國歷史上的一個朝代。晉武帝司馬炎於西元265年取代曹魏政權而建立，國號晉，定都洛陽，史稱「西晉」。西晉為時僅51年，如果由滅吳始計，則僅37年。

南齊：也叫南齊或蕭齊。中國南北朝時期南朝的第二個朝代，也是南朝4個朝代中存在時間最短的一個，僅有23年，為蕭道成所建。

劉歆（西元前50年～西元前23年）：字子駿，漢高祖劉邦四弟。西元前6年改名劉秀。西漢後期的著名學者，古文經學的真正開創者。他不僅在儒學上很有造詣，而且在校勘學、天文曆法學、史學、詩等方面都堪稱大家。

《元嘉曆》：中國古代曆法，南北朝時期劉宋天文學者何承天編纂，屬於陰陽曆。西元445年施行。後被《大明曆》取代。當時的日本曾經透過百濟，引入《元嘉曆》。

張衡（西元78年～西元139年）：字平子。生於南陽西鄂，即今河南省南陽市石橋鎮。東漢天文學家、數學家、發明家、地理學家、製圖學家、文學家、學者。由於他在天文學、機械技術、地震學方面貢獻突出，聯合國天文組織曾將太陽系中的1802號小行星命名為「張衡星」。

何承天（西元370年～西元447年）：東海郯人。南朝

宋大臣、著名天文學家、無神論思想家。自幼聰明好學，從學於當時的學者徐廣。他通覽儒史百家，經史子集，知識淵博。精天文律曆和計算，對天文律曆造詣頗深。

【閱讀連結】

祖沖之小時候酷愛數學和天文，學習非常刻苦，後來達到了如醉如痴的地步。

相傳，有一天，夜已經很深了，他翻來覆去睡不著，《周髀算經》上說，圓周的長是直徑的3倍，這個說法對嗎？

天還沒亮，他就把媽媽叫醒，要了一根繩子，跑到大路上等候著馬車。突然來了一輛馬車，祖沖之喜出望外，要求量馬車輪子，經過再三測量，他總覺得圓周長大於直徑的3倍，究竟大多少？這個問題一直盤旋在他的腦子裡，直至40多歲時才解開這個謎。

農學家賈思勰

賈思勰,生於北魏時益都,即今山東省壽光。北魏時期農學家。

他所著的農學名著《齊民要術》,是中國農學史上一部最完整、最有系統和內容最豐富的農業百科全書,也是世界農學史上最早的農學名著。它卓越的科學內容,對當時和後世的農業生產都有深遠影響。

賈思勰出身於地主家庭,與當時一般地主子弟和讀書人不同的是,他十分注重生產事業,有著發展生產和富民強國的熱切願望。

賈思勰曾經做過高陽郡太守,郡治在今河北省高陽。在高陽太守任上,他下定決心一定要做一個「好官」。

他說:「聖人不以自己名位不高為可恥,只是憂慮人民的貧困,獎勵生產就可以使人民擺脫窮困。」他關心人民的生活,注重發展生產事業,同情人民的痛苦。除了獎勵生產以外,他還親身參加。

創造大師

　　那時候，在黃河流域居住著各族人民，人們在生產中相互學習，在耕種、畜牧、種植樹木方面都累積了非常豐富的經驗。賈思勰常跟農民談論生產上的事情，虛心地向農民請教，尤其是注重向老農學習生產上的經驗和知識。

　　他很看重這些經驗，決定要把這些經驗總結起來，傳播出去，以發展農業生產。最後，他終於寫成《齊民要術》這一經典鉅著。

　　賈思勰之所以這部書叫作《齊民要術》，其實也反映了他憂慮人民貧困和獎勵農業生產的一貫思想。「齊民」這個詞，用現代語言翻譯出來，就是「平民」或「人民」的意思；「要術」就是謀生的主要方法。「齊民要書」四字合起來的意思，就是「人民謀生的主要方法」。

　　《齊民要術》中的每字每句都不是隨便寫下來的，而是有來歷、有根據，經過實踐檢驗過的。除了當時人的經驗，比如西漢農學家氾勝之的《氾勝之書》，就是作為很重要的參考依據。這就是《齊民要術》所以成為中國農業科學發展史上不朽著作的原因。

　　《齊民要術》的內容十分豐富。全書90篇，分成10卷。不僅總結了當時以及以前漢族人民的生產知識和技術，也記錄下了各兄弟民族寶貴的生產經驗，以及各族人民間生產經驗互相交流的情況。

農學家賈思勰

賈思勰在《齊民要術》裡總結了哪些重要的生產經驗呢？

一是不誤農時，因地種植。

農作物的栽培和管理，必須按照不同的季節、氣候和不同的土壤特點來進行。這是貫穿在《齊民要術》中的一條根本原則。

賈思勰把最適宜的季節叫作「上時」，其次的叫作「中時」，不適宜的季節叫作「下時」，並且告訴大家不要錯過適宜的栽培季節「上時」。他又指出，種植各種作物的土壤條件，也各不相同。

在《齊民要術》裡，賈思勰還根據實際經驗說明，同一種作物不僅在不同的土壤上使用種子的分量不能相同，並且同一農作物在上時、中時、下時下種，用種子的分量也有差別。這些原則都是科學的。

關於土壤條件對農作物的影響，賈思勰在《齊民要術》裡有許多很有意義的記載。

他說：「并州沒有大蒜，都得向朝歌去取蒜種，但是種了一年以後，原來的大蒜變成了蒜瓣很小很小的蒜。并州蕪菁的根，像碗口那麼大，就是從別的地方取來種子，種下一年，也會變大。在并州，蒜瓣變小，蕪菁的根變大，是土壤條件造成的結果。這說明栽種農作物必須注意自然條件。」

創造大師

　　這就是說,植物的本性在不同的環境下是可以改變的。從這裡,可見從生產中知道了植物遺傳和環境的關係,也知道除了要重視自然條件以外,還可以「馴化」農作物。

　　二是精耕細作,保墒搶墒。

　　賈思勰在《齊民要術》裡說:「地一定要耕得早,耕得早,一遍抵得上三遍,耕遲了,五遍抵不上一遍。」

　　他又說:「耕地要深,行道要窄。因為如果行道耕得太寬了,就會耕得不均勻,深一處,淺一處;而且耕牛因為用力太多,也容易疲乏。耕完地以後,就要立即把土鋤細和耙平,經過幾次鋤、耙,才好開始播種。當綠油油的穀苗長出田壟以後,還要反覆地鋤地。這不是為了把地裡的雜草鋤去,而是要使土壤鬆勻,土壤鋤得越疏鬆均勻,農作物就越容易吸取土壤中的養分。」

　　另外,《齊民要術》裡也記載了的「冬灌」的經驗。這就是把雪緊緊地耙在地裡,或把雪積成大堆,推到栽下種子的坑裡去,以防止大風把雪颳走,使地裡有充足的水分。這樣,春天長出來的莊稼就會特別旺盛。

　　《齊民要術》裡還要大家注意搶墒。黃河流域在春末夏初播種的季節裡雨量很少,經驗說明必須趁雨播種。穀物的播種,最好是在下雨之後。如果雨小,不趁地濕下種,苗便得不到充足的水分,就不容易長得健壯。

但是,遇到雨大就不能這樣做,因為雨太大,地太濕,雜草就會很快地長起來。同時,穀物也不適宜在過濕的土地上生長。這就要在地發白後再下種。

這樣保墒保澤的經驗,即使在今天來說,也是很寶貴的。

三是選擇種子,浸種催芽。

如果不選種,不但莊稼長不好,種子還容易混雜。種子混雜了,就會為生產帶來很多麻煩,不但出苗遲早不齊,穀物成熟的時期也不一樣。關於選種的方法,《齊民要術》裡記載,不論是粟、黍,還是秫、粱,都要把長得好的、顏色十分純潔的割下來,掛在通風乾燥的地方。

留種地要耕作得特別精細,要多加肥料,要常常鋤地,鋤的遍數越多,結的籽粒就越飽滿,才不會有空殼。種子收回來後,要先整理,並且要埋藏在地窖裡,這才可以防止種子混雜的麻煩。

《齊民要術》裡也記載著浸種和催芽的方法。在播種前20天,就應該用水淘洗種子,去掉浮在上面的粃子,晒乾後再下種。也有讓水稻浸到芽長兩分,早稻浸種到芽剛剛吐出時,再播種的。

四是合理施肥,輪作套作。

秋天的時候,要是耕種長著茅草的土地,最好讓牛羊先

創造大師

去踐踏,然後進行深翻。這樣,草被踏死了,深翻後埋在地裡可以作肥料。

在沒有茅草的地裡,秋耕時也要把地裡的雜草埋到地裡去,第二年的春天草再長出來時,要再把它埋到地裡去。這樣,經過耕埋青草的土地,就像施了糞肥的土地一樣肥沃,長出的莊稼就會又肥又壯。

另外,用過豆科作物作綠肥的地裡,如果種上穀子,每畝可以收穫很大的產量。《齊民要術》裡也提到用圍牆和城牆的土作為肥料的方法。直至現在,這些方法對中國農村的積肥造肥,也還是很有用處的。

《齊民要術》裡還討論了輪作和套種的方法。有的農作物連栽不如輪作,麻連栽就容易發生病害,降低麻的品質。接著又討論了哪一種作物的「底」最好是什麼。什麼是「底」呢?就是我們所說的「上茬」。

穀物的底最好是豆類,大豆的底最好是穀物,小豆的底最好是麥子,瓜的底最好是小豆,蔥的底最好是綠豆。再如,蔥裡可以套種胡荽,麻裡可以套種蕪菁等。這種用輪作發揮地力和培養地力的方法,現在仍舊是值得我們重視的。

五是果樹栽培,因樹施法。

賈思勰說,果樹的種類很多,有的耐寒,有的喜潤濕,

有的在冬天結實,有的要在風和日暖的時候才開花結果。

各種果樹的特點既然各不相同,栽培的方法也不能一樣,不能以適合一種果樹的方法死搬硬套地應用到別的果樹上去。例如李樹用播種移栽的方法,最好是扦插;梨樹則用嫁接的方法最為適宜等。

賈思勰根據農民的經驗,提出了不同樹種的栽培方法。以桃樹為例,他說桃子熟的時候,連果肉一起埋到糞地裡,至第二年春天再把它移到種植的地上去,這樣桃樹的成熟早,三年便可以結果,因此不必用插條來扦插。

要是不把種子放在糞地裡,植株不會茂盛;如果就讓桃樹留在糞地裡生長,果實不會大而且味苦。此外,賈思勰還很細緻地總結了果樹嫁接的方法,以及怎樣注意防止果樹遭受霜凍損害的方法。

六是選好種畜,精心飼養。

賈思勰在《齊民要術》裡指出,畜養動物首先應該重視選種,要選擇最好的母畜來作種畜,不能隨隨便便讓不好的母畜繁殖後代。這說明祖先很早就注意牲畜的遺傳性。

除此以外,《齊民要術》還很重視牲畜懷胎的環境,以及小牲畜出生後的環境對牠們的影響。還告訴我們要注意對肉用牲畜的閹割和掐尾。

在牲畜的飼養法方面，賈思勰在《齊民要術》裡總結了很多豐富的經驗。

以養馬為例，賈思勰指出，馬餓時可以餵比較壞的飼料，飽時再給好的，這樣馬可以吃得多，因而也可以肥壯。飼料要鍘得細，粗的馬吃了不會肥壯。

為馬餵水也有一定的規則。早上馬飲水要少，中午可以讓馬多飲一點，到了晚上，因為要過夜，要讓牠盡量飲水。每次飲水之後，要讓馬小跑一陣，出汗消水。《齊民要術》裡也記載了幾十個醫治馬病的方法。這都是由實踐中得出有效的方法。

七是農村副業，多種經營。

不僅在農業、林業和畜牧業方面取得很大的成就，而且在農村副業方面也累積了豐富的經驗。

《齊民要術》裡指出，養蠶的屋子裡要溫度適宜。太冷蠶長得慢，太熱就枯焦乾燥。因此，養蠶的房屋，冬天四角都得生火爐，屋子的冷熱這樣才會均勻。

在餵蠶的時候要把窗戶開啟，蠶見到陽光吃桑葉就多，也就長得快。這時候用柘樹葉養蠶也開始了。柘絲品質很好，拿來作為胡琴等樂器的弦，比一般的絲還強，發出來的聲音非常響亮。

在《齊民要術》裡記載的柘蠶取絲的方法，可能是中國關於這方面最早的文字記載。

此外，《齊民要術》裡還記載做染料的方法，使用「皂素」的經驗，以及記載了釀酒、造醋、做醬、製豆豉、做酢等方法。

上面所介紹的，只是《齊民要術》內容的極少部分，但我們已經初步知道，早在 1,400 多年前，中國農業科學已經達到很高的水準。

賈思勰的《齊民要術》是中國在 6 世紀一部最完整的、最有系統的、內容最豐富的農學著作，也是世界農學史上最早的一部不朽的名著。書中閃爍著智慧的光輝和偉大的創造力，對以後的農業科學的發展有很大影響。

《齊民要術》以後，中國 4 種規模最大的農學著作，即元朝司農司編《農桑輯要》、王禎的《農書》、明朝徐光啟的《農政全書》和清朝敕修的《授時通考》，沒有一種不拿《齊民要術》作為範本的。就算是規模比較小的許多農學著作，如陳敷的《農書》、魯明善的《農桑衣食撮要》，也都受《齊民要術》的影響。

■ 創造大師

【旁註】

　　高陽郡：漢桓帝置高陽郡，治高陽，即今河北省高陽縣舊城村。西漢初酈食其自稱「高陽酒徒」，是高陽鄉，在今河南省，與高陽郡無關。晉治博陸，今河北省蠡縣南。北魏還治高陽。西元583年廢。

　　并州：太原舊稱。古州名。相傳禹治洪水，劃分域內為九州。據《周禮》、《漢書·地理志上》記載，并州為九州之一。其地約當今河北省保定和山西省太原、大同一帶地區。

　　保墒：在古代文獻中也稱之為「務澤」。保持水分不蒸發，不滲漏，例如播種後，地要壓實，是為了減少孔隙，讓上層密實的土保住下層土壤的水分。如透過深耕、細耙、勤鋤等手段來盡量減少土壤水分的無效蒸發，盡可能使水分多來滿足作物蒸騰。

　　催芽：凡是能引起芽生長、休眠芽發育和種子發芽，或促使這些前發生的措施，均稱為催芽。催芽是保證種子在吸足水分後，促使種子中的養分迅速分解運轉，供給幼胚生長的重要措施。

　　套種：在一塊地上按照一定的行、株距和占地的寬窄比例種植幾種莊稼，叫作間作套種。一般把幾種作物同時期播種的叫作間作，不同時期播種的叫作套種。間作套種是中國

農民的傳統經驗，是農業上的一項增產措施。

扦插：也稱插條，是一種培育植物的常用繁殖方法。可以剪取某些植物的莖、葉、根、芽等，或插入土中、沙中，或浸泡在水中等到生根後就可栽種，使之成為獨立的新植株。在農林業生產中，不同植物扦插時對條件有不同需求。

柘樹：落葉灌木或小喬木，高達8公尺，樹皮淡灰色，成不規則的薄片狀剝落；幼枝有細毛，後脫落，有硬刺。用柘葉養蠶對增產蠶繭是有一定意義的。

陳旉（西元1076年～？）：自號西山隱居全真子，又號如是庵全真子。宋代隱士、農學家。平生喜讀書，不求仕進，在真州，即今江蘇省儀徵西山隱居務農。74歲時寫成《農書》，經地方官吏先後刊印傳播。明代收入《永樂大典》，清代收入多種叢書。18世紀時傳入日本。

【閱讀連結】

有一次，賈思勰養的200多隻羊因為飼料不足，不到一年就餓死了一大半。後來換了別的方法還是不行。

這時有人告訴他在百里之外有一位養羊能手，賈思勰就去找到老羊倌向他請教。原來，賈思勰隨便把飼料扔在羊圈裡，羊在上面踩來踩去，拉屎撒尿也都在上面。羊不肯吃這種飼料，於是就餓死了。

創造大師

賈思勰又在老羊倌家裡住了好多天，認真學習了老羊倌一套豐富的養羊經驗。回去後，就按照這些養羊的方法去做，效果果然不錯。

地理學家酈道元

酈道元（約西元470年～西元527年），字善長。生於南北朝時的涿州酈亭，即今河北省涿州市。北朝北魏地理學家。

他以《水經注》40卷，奠定了地理、水文等學科學研究究基礎。被稱為「世界地理學的先導」、「宇宙未有之奇書」、「聖經賢傳」，酈道元也被後人尊為中世紀最偉大的地理學家，成為山水遊記文學的鼻祖。

酈道元生於仕官家庭，父親酈范做過刺史、尚書郎、太守等職。酈道元從少年時代起就愛好遊覽，有志於地理學的研究。他跟隨父親在青州時候，就曾經和友人一起遊遍山東。

酈道元喜歡遊覽河流、山川，尤其喜歡研究各地的水文地理、自然風貌。他充分利用在各地做官的機會進行實地考察，足跡遍及今河北、河南、山東、山西、安徽、江蘇等廣大地區，調查當地的地理、歷史和風土人情等，掌握了大量

的第一手資料。

每到一個地方,他都要遊覽名勝古蹟、山川河流,悉心勘察水流地勢,並訪問當地長者,了解古今水道的變遷情況及河流的淵源所在、流經地區等。同時,他還利用業餘時間閱讀了大量古代地理學著作,累積了豐富的地理學知識,為他的地理學研究和著述打下了基礎。

酈道元透過把自己看到的地理現象和古代地理著作進行對照比較,發現其中很多地理情況隨著時間的流逝發生了很大變化。

比如三國時代桑欽所著的地理學著作《水經》,此書對大小河流的來龍去脈缺乏準確記載,且由於時代更替,城邑興衰,有些河流改道,名稱也變了,但書上卻未加以補充和說明。而且記載相當簡略,缺乏系統性,對水道的來龍去脈及流經地區的地理情況記載不夠詳細、具體。

酈道元認為,如果不及時把地理現象的變遷記錄下來,後人就更難以弄明白歷史上的地理變化。所以,應該在對現有地理情況的考察的基礎上,印證古籍,然後把經常變化的地理面貌盡量詳細、準確地記載下來。

在這種思想之下,酈道元決定利用自己掌握的豐富的第一手資料,在《水經》的基礎上,親自為《水經》作注。

事實上,酈道元一生的著述很多,除了《水經注》外,還有《本志》30篇及《七聘》等著作,但是,流傳下來只有《水經注》。

作為一位傑出的地理學家,酈道元在《水經注》的序言中對前代的著名地理著作進行了許多點評。秦朝以前,中國已有許多地理類書籍,但當時國家不統一,生產力水準不發達,人們對地理的概念還比較模糊,這些作品中普遍存在的問題就是虛構,如《山海經》、《穆天子傳》、《禹貢》等。

酈道元堅決反對「虛構地理學」,他在《水經注》序言中提出了自己的研究和工作方法,那就是重視野外考察的重要性。

《水經注》一書中記載了酈道元在野外考察中取得的大量成果,這表明他為了獲得真實的地理資訊,到達過許多地方考察,足跡踏遍長城以南、秦嶺以東的中原大地,累積了大量的實際經驗和地理資料。

例如江南會稽郡的諸暨縣,有五洩瀑布,景色壯麗,向來不為世人所知。酈道元在《水經注》裡面首次記載了五洩飛瀑壯觀的氣勢。從此,世人方知五洩的山水景觀。

酈道元在實地調查中原地形的同時,又廣泛收集南方的地理著作,進行對比研究,得出自己的結論。

創造大師

酈道元為了寫《水經注》，還閱讀有關書籍，查閱了所有地圖，研究了大量文物資料。據統計，他引用的文獻多達 480 種，其中屬於地理類的就有 109 種。經過長期艱苦的努力，酈道元終於寫成名垂青史的著作《水經注》。

《水經注》名義上是注釋《水經》，實際上是在《水經》基礎上的再創作，其成果是空前的。全書共 40 卷，30 多萬字，記述了 1,252 條河流，比原著增加了河流近千條，增加了 20 多倍的文字。

書中記述了各條河流的發源與流向，各流域的自然地理和經濟地理狀況及火山、溫泉、水利工程，還記述了歷史遺跡、人物掌故、神話傳說等，內容比《水經》原著要豐富得多。

《水經注》在寫作體例上，以水道為綱，詳細記述各地的地理概況，開創了古代綜合地理著作的一種新形式。

《水經注》涉及的範圍十分廣泛。從地域上講，酈道元雖然生活在南北朝對峙時期，但是他並沒有把眼光僅限於北魏所統治的一隅，而是抓住河流水道這一自然現象，對全國地理情況做了詳細記載。不僅這樣，書中還談到了一些外國河流，說明作者也關注國外地理。

從內容上講，書中不僅詳述了每條河流的水文情況，而且把每條河流流域內的其他自然現象，如地質、地貌、壤

地、氣候、物產民俗、城邑興衰、歷史古蹟以及神話傳說等綜合起來,做了全面描述。

《水經注》是6世紀前中國第一部最全面、最系統化地完整記錄華夏河流、山川、地貌的地理學鉅著,對於研究中國古代歷史和地理具有重要的參考價值。

《水經注》不僅是一部具有重大科學價值的地理鉅著,而且也是一部頗具特色的山水遊記。酈道元以飽滿的熱情,渾厚的文筆,精美的語言,形象、生動地描述壯麗山川,表現了他的熱愛和讚美,具有較高的文學價值。

由於《水經注》在中國科學文化發展史上的巨大價值,歷代許多學者專門對它進行研究,形成一門「酈學」。

在漫長的中世紀,西方世界正處在基督教會統治的黑暗時代,全歐洲在地理學界都找不出一位傑出的學者。東方的酈道元留下了不朽的地理鉅著《水經注》40卷,不僅開創了中國古代「寫實地理學」的歷史,而且在世界地理學發展史上也占有重要的地位。他不愧為中世紀最偉大的世界級地理學家!

【旁註】

青州:在遠古時為東夷之地,傳說大禹治水後,按照山川河流的走向,把全國劃分為青、徐、揚、荊、豫、冀、

兗、雍、梁九州,青州是其中之一。大體指泰山以東的一區域。現代則指中國山東省青州市,由濰坊市代管。

五洩:五洩在浙江省諸暨市西的群山之中。「洩」,就是瀑布之意。瀑從五洩山巔的崇崖峻壁間飛流而下,折為五級,總稱「五洩溪」。溪兩岸異峰怪石,爭奇競秀,有「七十二峰,三十六洞,二十五崖」,得崖壑飛瀑之勝。五洩風光以青山挺秀、飛泉成洩而著稱。

水文:指自然界中水的變化、運動等的各種現象。水文指標重點包括水位高低、水量大小、含沙量、汛期長短、結冰期和補給方式。

酈學:明清學者十分重視《水經注》,世人稱酈學。對酈道元《水經注》的研究,一般可分三大學派:考據學派、辭章學派以及地理學派。

桑欽:漢代學者、著名地理學家。北魏酈道元所注之《水經》,據說就是他撰寫的。他造詣極深,還精通《古文尚書》。

《山海經》:先秦重要古籍,具體成書年代及作者不考。是一部富於神話傳說的最古老的地理書,全書共計 18 卷,包括《山經》5 卷、《海經》8 卷、《大荒經》5 卷。內容包羅永珍,主要記述古代地理、動物、植物、礦產、神話、巫術、宗教及古史、醫藥、民俗等方面的內容。

【閱讀連結】

據史書記載,酈道元為官素以嚴厲著稱,因而不少權勢人物都憎恨他。為了達到除掉他的目的,那些人就玩弄借刀殺人的陰謀,故意慫恿北魏政權派酈道元去雍州,即今陝西省西安一帶任關右大使。

當時的雍州刺史蕭寶夤企圖反對北魏政權,酈道元一來,他果然懷疑是去與他作對,於是派部下半路劫殺。

當酈道元赴任行至臨潼縣東時,被蕭部隊圍困在山岡上,最後被殺害。臨死的時候,酈道元還怒目厲聲喝斥叛賊,表現了至死不屈的精神。

創造大師

天文學家劉焯

劉焯（西元544年～西元610年），字士元。生於隋代時信都昌亭，即今河北省冀縣。隋代天文學家。

編有《皇極曆》。在曆法中首次考慮太陽視差運動的不均勻性，創立用3次內插法來計算日月視差運動速度，推算出五星位置和日、月食的起運時刻。這些成就是中國曆法史上的重大突破。

劉焯非常聰明，在少年時代，先後跟從多位老師學習《詩經》、《左傳》、《周禮》、《儀禮》和《禮記》，就顯現出極好的天資。但這些老師們的講課水準根本不能滿足他的求知欲望，每次未等學業結束就先離開了。

後來，劉焯幫一位藏書家整理典籍，竟是一下埋頭10年。漸漸的，劉焯變成了一個精神上的富人，並因深通儒家學說而遠近聞名。

西元580年，劉焯因有學名，進京參加了編纂國史、議定樂律和曆法的工作。這期間，劉焯對《九章算術》、《周髀

算經》、《七曜曆書》等10多部涉及日月執行、山川地理的著作悉心研究，後來寫出了《稽極》、《曆書》和《五經述議》天文名著。

當別人讀到他書中那些新穎的觀點和獨到的見解時，不計其數的儒者和年輕學生紛紛以他為偶像，不遠千里前來當面求教。

當時有人評論劉焯說：「幾百年來，學識淵博、精通儒學的人，沒有能夠超過他的。」

西元582年，《三體石經》從洛陽運至京師。《三體石經》建於三國時期，因碑文每字皆用古文、小篆和漢隸三種字型刻寫，所以叫《三體石經》。因年代久遠，文字多有磨損，難以辨認，朝廷召群儒考證。

論證期間，劉焯以自己的真知灼見，力挫諸儒，令所有人震驚。

誰知官場風雲變幻莫測，就在論證《三體石經》後不久，38歲的劉焯卻因此遭遇誹謗，罷官回鄉。回到家鄉後，劉焯曾再被召用，但又再被罷黜。

經歷挫折之後，劉焯不再問政事，專心著述，先後寫出《曆書》、《五經述義》等若干卷，廣泛傳播，名聲大振。

據史書載：「名儒後進，博學通儒，無能出其右者。」

創造大師

他的門生弟子很多,成名的也不少,其中衡水縣的孔穎達和蓋文達,就是他的得意門生,兩人後來成為唐初的經學大師。

隋煬帝即位,劉焯被重新啟用,任太學博士。劉焯精通天文學,他發現當時的曆法多存謬誤,多次建議修改。西元600年,他終於創製出了《皇極曆》,在天文學研究領域達到了世界領先水準。

創立了「等間距二次內插法公式」:在《皇極曆》中,劉焯首次考慮到太陽視運動的不均性,創立「等間距二次內插法公式」來計算日、月、五星的執行速度。推日行盈縮,黃道月道損益,日月食的多少及出現的地點和時間,這都比以前諸曆精密。「定朔法」、「定氣法」也是他的創見。

這些主張,直至西元1645年才被清朝頒行的《時憲曆》採用,從而完成了中國曆法上第五次也是最後一次大改革。

力主實測地球子午線:劉焯之所以力主實測地球子午線,源起是中國史書記載說,南北相距500公里的兩個點,在夏至的正午分別立一根8尺長的測桿,它的影子相差一寸,即「千里影差一寸」說。

劉焯第一個對此謬論提出異議,但當時沒被採取,直至後來,唐代張遂於西元724年實現了劉焯的遺願,並證實了劉焯立論的正確性。

天文學家劉焯

較為精確地計算出歲差：所謂歲差，就是春分點逐漸西移的現象，即假定太陽視運動的出發點是春分點，一年後太陽並不能回到原來的春分點，而是差一小段距離。劉焯計算出了春分點每75年在黃道上西移一度。而此前晉代天文學虞喜算出的是50年差一度，與實際的71年又8個月差一度相比，這個數值已經相當精確，在此後的唐、宋時期，大都沿用劉焯的數值。

由於劉焯所著曆書與當時權威人士太史令張胄玄的天文、曆數觀點多有不同，因此，嘔血而成的《皇極曆》被排斥不得施行。

然而該書提供的天文曆法在當時是最先進的，歷史證實劉焯研究天文學已有相當高的水準。後來的唐初的李淳風，依據《皇極曆》造出《麟德曆》被推為古代名曆之一。

劉焯的創見和一些論斷雖然在當時未被採納，但卻在後世被接受，或在他的研究基礎上發展、改進。因而他對科學的貢獻是不容磨滅的。

【旁計】

樂律：即音律。古代樂律學名詞是十二律，各律從低到高依次為黃鐘、大呂、太簇、夾鐘、姑洗、仲呂、蕤賓、林鐘、夷則、南呂、無射、應鐘。其定音方法，是將一個八度

分為十二個不完全相同的半音的一種律制。

經學：原本泛指各家學說要義的學問，但在中國漢代獨尊儒術後為特指研究儒家經典，解釋其字面意義、闡明其蘊含義理的學問。經學是中國古代學術的主體，其中蘊藏了豐富而深刻的思想，保存了大量珍貴的史料，是儒家學說的核心組成部分。

《時憲曆》：西元1645年頒行。正式採用定氣。《時憲曆》廢除把全年分成24份，據以確定節氣的平氣，正式採用以太陽在黃道上位置為標準的定氣。這是中國曆法史上第五次也是最後一次大改革。近代所用的舊曆就是《時憲曆》，通常叫作夏曆或農曆。

《麟德曆》：唐高宗詔令李淳風所編的曆法，於麟德二年頒行。它以《皇極曆》為基礎，簡化許多繁瑣的計算，並廢止19年7閏的「閏周定閏」，《麟德曆》一直使用至開元年間，又出現緯晷不合的問題，開元十七年又頒行《太衍曆》。

隋煬帝（西元569年～西元618年）：即楊廣，一名英，小字阿㐜。華陰人，即今陝西省華陰，生於長安。隋文帝楊堅、獨孤皇后的次子。他在位期間，因為濫用民力，造成天下大亂直接導致了隋朝的滅亡，後在江都被部下縊殺。

張遂（西元673年～西元727年）：即僧一行。生於唐朝魏州昌樂，即今河北省魏縣南；一說為邢州鉅鹿人，即今

河北省鉅鹿縣。唐代傑出天文學家。唐玄宗時主持修訂曆法，在世界上首次推算出子午線緯度一度之長。他也是佛教密宗的領袖，著有密宗權威著作《大日經疏》。

李淳風（西元 602 年～西元 670 年）：生於岐州雍，即今陝西省岐山。中國古代科學家和歷史文化名人。唐代傑出的天文學家、數學家。世界上第一個為風定級的科學家，注解的《周髀算經》和《古算十經》是世界上最早的數學教材。他的《推背圖》以其預言的準確而著稱於世。

【閱讀連結】

劉焯雖學富五車、才高八斗，卻因處世失當而被捲入一次朝廷衝突，被流放到邊關充軍。但他能跳出自己的災難之外來嘲諷自己。

隋朝侯白的笑話集《啟顏錄》中記載了劉焯這樣一段事：劉焯和他的堂姪劉炫都很有學問，因犯法而被捕。縣吏不知道他們是大學問家，全把他們上了枷鎖。

劉焯說：「整天在枷（家）中坐著，就是回不了家。」

劉炫說：「我也是終日負（婦）枷（家）而坐，就是不見婦。」

劉焯嘲笑了自身的悲劇，實際上就是戰勝了悲劇。

■ 創造大師

天文學家一行

　　一行（西元 683 年～西元 727 年），俗名張遂。生於唐代時魏州昌樂，即今河南省南樂；一說鉅鹿人。諡號「大慧禪師」。

　　唐代傑出天文學家，在世界上首次推算出子午線緯度一度之長，編製了《大衍曆》。他也是佛教密宗的領袖，著有密宗權威著作《大日經疏》。

　　一行少時聰敏，博覽經史，尤精於天文、曆象、陰陽五行之學。20 歲時，他得到京都一位著名道人送的一本西漢揚雄所著的《太玄經》，一行很快即通達其旨，並寫出〈太衍玄圖〉、〈義訣〉各一卷，闡釋晦澀難懂的《太玄經》。從此名聲大振。

　　西元 705 年，武則天的姪子武三思聽說一行的大名，為贏得「禮賢下士」的美名就有意拉攏他。一行不願為之所用，又怕因此而遭到迫害，於是在 21 歲時棄俗，逃到河南嵩岳寺剃度出家，取法名為「一行」。武則天退位後，唐王

朝多次召他回京,均被拒絕。

西元712年,唐玄宗命一行主持修編新曆。從此,一行就開始專門從事天文曆法的工作。

西元723年,為了測定星體位置的需求,一行與人研製成黃道游儀、「水運渾天儀」。

西元724年,一行根據修改舊曆的需求,又組織領導了中國古代第一次天文大地測量,也是一次史無前例、世界罕見的全國天文大地測量工作。

西元725年,善無畏來長安弘教,一行幫助善無畏共同翻譯《大日經》7卷等,並單獨著有《大日經疏》20卷。《大日經疏》對中國密教學的研究產生很大的影響,在中國密教史上發揮很大的作用。

西元727年9月,一行臥病不起。10月8日在長安華嚴寺圓寂。唐玄宗痛悼,嘆道:「禪師舍朕!」追賜其諡號為「大慧禪師」,並親自為禪師撰寫碑文。

作為傑出天文學家,一行在曆法和天文方面取得了輝煌的成就。

在曆法方面,一行編定了很有影響的《大衍曆》。《大衍曆》以劉焯的《皇極曆》為基礎,並進一步發展了《皇極曆》。《大衍曆》共分為7篇,即〈步中朔術〉、〈步發斂術〉、

〈步日躔術〉、〈步月離術〉、〈步軌漏術〉、〈步交會術〉和〈步五星術〉。

《大衍曆》發展了前人歲差的概念，創造性地提出了計算食分的方法，發現了不等間距二次內插法公式、新的二次方程式求和公式，並將古代「齊同術」即通分法則運用於曆法計算。

《大衍曆》於西元729年頒布實行，並一直沿用達800年之久。經過驗證，《大衍曆》比當時已有的其他曆法，如祖沖之的《大明曆》、劉焯的《皇極曆》、李淳風的《麟德曆》等要精密、準確得多。

《大衍曆》作為當時世界上較為先進的曆法，相繼傳入日本、印度，並在這兩國也沿用近百年，極大地影響了這兩個國家的曆法。

在天文方面，一行取得了很大成就。一行發現了星體運動規律，在歷史上第一次提出了月亮比太陽離地球近的科學論點。

一行透過長期的天文觀測發現了恆星移動的現象，進一步發現和認知了日，月、星辰的運動規律，廢棄了沿用長達800多年的二十八宿距度數值，並在歷史上第一次提出了月亮比太陽離地球近的科學論點。

一行還製成水運渾天儀、黃道游儀。當時有個率府兵曹參軍梁令瓚設計了一個黃道游儀，並已經製成了該儀器的木頭模型。在一行的支持和領導下，用銅鑄造成此儀器。

這臺儀器既可以用來測定每天太陽在天空中的位置，也可以用來測定月亮和星宿的位置。同年，一行和梁令瓚等人在繼承張衡「水運渾象」理論的基礎上又設計製造了「水運渾天儀」。

水運渾天儀上刻有二十八宿，注水激輪，每天一周，恰恰與天體周日視運動一致。水運渾天儀一半在水櫃裡，櫃的上框。整個水運渾天儀既能演示日、月、星辰的視運動，又能自動報時。

這是世界上最早的計時器，比外國自鳴鐘的出現早了600多年。一行等人的成就超過了張衡。

一行還首次用科學方法實測地球子午線，居世界領先地位。他聚集了一批天文工作者利用這兩臺儀器進行天文觀測，取得了一系列關於日、月、星辰運動的第一手數值。

他還組織人力在全國各地測量日影，實際上這就是對地球子午線的測定，這是一行在天文學上最重要的貢獻。

一行還主持全國範圍內的大規模天文大地測量。這項工作是為了使新曆法《大衍曆》能普遍適用於全國各地。

創造大師

一行在全國選擇了 12 個觀測點,並派人實地觀測,自己則在長安總體統籌指揮。其中負責在河南進行觀測的南宮說等人所測得的數值最科學和有意義。

一行他們選擇了經度相同、地勢高低相似的 4 個地方進行設點觀測,分別測量了當地的北極星高度,冬至、夏至和春分、秋分四時日影的長度,以及四地間的距離。

最後經一行統一計算,得出了北極高度差一度,南北兩地相距 351 里 80 步,即現在的 129.2 公里的結論。這雖然與現在 1 度長 111.2 公里的測量值相比有較大誤差,但這是世界上第一次用科學方法進行的子午線實測,在科學發展史上具有劃時代的意義。

對於一行組織的子午線長度測量,中國科技史外籍專家李約瑟(Noel Joseph Terence Montgomery Needham)的評價是:「科學史上劃時代的創舉。」

一行在天文和曆法上所取得的卓越成就在人類文明史上占有重要地位,而且他所重視的實際觀測的科學方法,極大地促進了天文學的發展。在他之後,實際觀測就成了歷代天文學家從事學術研究時採用的基本方法,引導著學者們譯解了一層層的天文奧祕。

【旁註】

善無畏（西元 637 年～西元 735 年）：印度摩伽陀國人。玄宗開元四年到長安。為唐代密宗胎藏界的傳入者，與金剛智、不空合稱開元三大士。譯有《大毗盧遮那成佛神變加持經》7 卷、《蘇悉地羯經》3 卷等重要典籍，或稱為輸波迦羅。

自鳴鐘：一種能按時自擊，以報告時刻的鐘。有時也泛指時鐘。西元 1580 年，西方傳教士羅明堅將自鳴鐘傳入中國。清代趙翼《簷曝雜記・鐘錶》：「自鳴鐘、時辰表，皆來自西洋。鐘能按時自鳴，表則有針隨晷刻指十二時，皆絕技也。」

子午線：也稱經線，和緯線一樣是人類為度量方便而假設出來的輔助線，定義為地球表面連線南北兩極的大圓線上的半圓弧。任兩根經線的長度相等，相交於南北兩極點。每一根經線都有其相對應的數值，稱為經度。經線指示南北方向。

武則天（西元 624 年～西元 705 年）：字「曌」。并州文水人。唐朝開國功臣武士彠次女。中國歷史上唯一一個正統的女皇帝，在位 15 年。諡號「則天大聖皇后」。後世所稱「則天武后」或「武則天」即是由此諡號而來。政治家和詩人。武則天當政時期，被史界稱為「貞觀遺風」。

■ 創造大師

　　唐玄宗（西元 685 年～西元 762 年）：即李隆基。唐睿宗李旦第三子，母親竇德妃。唐玄宗也稱唐明皇。諡號「至道大聖大明孝皇帝」，廟號玄宗。在位期間，開創了唐朝乃至中國歷史上的最為鼎盛的時期，史稱「開元盛世」。

　　梁令瓚：唐代畫家、天文儀器製造家。因創製游儀木樣，被一行稱為所造能契合自然。後又與一行創製渾天銅儀。亦工篆書，擅畫人物。存世作品有〈五星及二十宿神形圖〉一卷，北宋李公麟稱其畫風似吳道子。

【閱讀連結】

　　一行在幼年時聰敏老成，讀書過目不忘。他依止於普寂禪師，曾於大法會中將盧鴻居士為法會所撰的一千言序文，略讀一遍，即可朗朗述出，不漏一字，盧鴻驚為神人，讚佩不已。

　　唐玄宗皇帝聞名，召入宮內，問他有何才能？

　　他說：「只有一點點記憶力而已。」

　　玄宗隨手拿出一本名冊給他看，他略一翻閱，便合上本子，按序呼名而出，不少一人，不錯一字。

　　唐玄宗聽了，佩服至極，不覺走下龍床，向他合十施禮讚嘆道：「禪師真是一位大聖人啊！」

藥王孫思邈

孫思邈（西元 581 年～西元 682 年），生於唐代時京兆華原，即今陝西耀縣。唐代著名的醫師與道士。作品有《千金方》、《千金要方》等。

孫思邈中國乃至世界史上偉大的醫學家和藥物學家，千餘年來一直受到人們的高度評價和崇拜。被後人譽為「藥王」，許多華人奉之為「醫神」。

孫思邈 7 歲時讀書，就能「日誦千言」，每天能背誦上千字的文章。西魏大將獨孤信讚其為「聖童」。但孫思邈幼年體弱多病，湯藥之資而罄盡家產。由於幼年多病，他 18 歲立志學醫，20 歲即為鄉鄰治病。

孫思邈對古代醫學有深刻的研究，對民間驗方十分重視，一生致力於醫學臨床研究，對內、外、婦、兒、五官、針灸各科都很精通，有多項成果開創了中國醫藥學史上的先河。特別是在論述醫德思想，倡導婦科、兒科、針灸穴位等方面，都是前無古人。

創造大師

是繼張仲景之後中國第一個全面系統研究中醫藥的先驅者，為中醫發展建樹了不可磨滅的功德。

孫思邈治療過很多病人，並把各個病人的病狀和在醫療過程中的情況，詳細記錄下來。他在總結自己行醫經驗，參考大量古今資料的前提下，創作了《千金要方》和《千金翼方》等重要著作。從孫思邈的醫學著作裡我們可以看出，他既有實事求是的科學精神，又有卓越的創造才能。

在治療疑難雜症方面，孫思邈有獨到的見解和方法。他善於總結人民的經驗，並且根據自己長期的臨床經驗，提出了很多治療疾病的有效方法。

在當時，山區的人很容易患大脖子病。這就是現代醫學所說的因缺碘導致的甲狀腺腫大。孫思邈當時雖然不知道什麼叫作碘質，但他已經知道這種病是由於久居山區而引起的，並且用昆布、海藻等含碘質豐富的動、植物，完全可以治療這種病。

對於醫治夜盲症和腳氣病的方法，孫思邈說，牛肝明目，肝補肝，明目。他用動物的肝臟讓患夜盲症的人當藥服用，而動物的肝臟正是含有大量維生素 A。

對於醫治腳氣病，孫思邈則用杏仁、防風、吳茱萸、蜀椒等含維生素乙很多的藥品來治療。他還說，用穀皮煮湯和粥吃，可以防止腳氣病，而穀皮也是含有一定的維生素 B。

在藥物研究方面，孫思邈除了研究治療營養缺乏病的藥物以外，對一般藥物也很有研究。例如他用白頭翁、苦參子、黃連治療痢疾，用常山、蜀漆治療瘧疾，用檳榔治條蟲，用硃砂、雄黃來消毒等，都受到了很好的效果。

他在著作中列舉了600多種藥材，其中有200多種都詳細地說明了什麼時候可以採集花、莖、葉，什麼時候適宜於採集根和果。由此可見他花費的巨大心血。

孫思邈還曾經用瘋犬的腦漿來治瘋犬病。這就是所謂「以毒攻毒」，用毒物和病菌來增強人的抗病力量。這與後來用種牛痘來預防天花，接種卡介苗防止肺結核，以及用其他種種疫苗來預防疫病，是同一個道理。

孫思邈還提出婦兒分科的主張，特別注重婦女和小孩疾病的醫治。他在自己的著作中闡釋了相關的治療指導思想：沒有小孩就沒有大人，如何把小孩撫育好，是很重要的問題；他的著作首先講婦女和小孩的疾病，然後再講成年和老年的疾病。

孫思邈特別指出，婦女的病和男子的病不同，小孩的病和成年人的病不同，所以在治療時應該特別注意。

孫思邈主張小兒病和婦女病都應該另立一科，後來婦科、小兒科醫學理論和醫療技術的發展，證明孫思邈這一主張。

孫思邈在他的著作中,對於如何處理難產,如何治療產前產後的併發症,有詳細的說明。

孫思邈說:「孕婦不能受驚,臨產的時候精神要安靜,不能緊張,接生的人和家裡的人都不能驚慌,或者流露出憂愁或不愉快的情緒。」他認為這些都容易引起難產或產婦的其他病症。

另外,孫思邈對於胎兒和小兒的發育程序的記載,也是很正確的。嬰兒生下來以後,要立刻擦去小嘴裡的汙物,以免窒息或者吃下去引起疾病。嬰兒生下來如果不哭,就要用蔥白輕輕敲打,或者對小嘴吹氣,或者用溫水為嬰兒沐浴,直至嬰兒能哭出聲來為止。這一切都是合乎科學的。

關於撫育小孩,孫思邈主張衣服要軟,但不能太厚、太暖。要把小孩時常抱到室外去晒晒太陽,呼吸新鮮空氣,否則小兒會像長在陰暗地方的花草,身體一定軟弱。小孩吃東西也不能過飽。他還對選擇乳母的條件,哺乳的時間、次數和分量,以及其他種種護理方法,也都做了說明。

他的這些見解,到今天都還有一定的實踐意義。

孫思邈還提供了預防疾病的方法。講求衛生、預防疾病,在孫思邈的醫學思想上占著重要的地位。

孫思邈在《千金方》裡,曾經介紹用蒼朮、白芷、丹砂

等來消毒的方法,防止病菌的傳染。他告誡人們不要隨地吐痰,注重公共衛生。

孫思邈特別提醒人們,注意節制身心活動,不過分疲勞。他說:「人一定要勞動,但不要過分疲勞。」他還強調合理飲食。他說:「吃東西要嚼爛、緩咽,不要吃得過飽,飲酒不能過量,肉要煮爛再吃。」

此外,他還勸大家飯後漱口,睡眠時不要張著口,不要把頭蒙在被子裡睡,不要在爐邊或露天睡眠等。上述這些都是值得採納的有效措施。孫思邈能夠活到100多歲,這和他注意衛生、預防疾病有很大的關係。

孫思邈在針灸方面有突出的貢獻。他繪製了〈明堂針灸圖〉,對針灸的孔穴加以統一。他強調針、藥應該並用,他說:「針而不灸和灸而不針,不是好醫生;針灸而不藥,或藥而不針灸,也不是好醫生。針藥並用,才是良醫。」

這種用綜合治療方法來提升醫療效果的思想,扁鵲和華佗都很重視,孫思邈則特別加以提倡。這種思想,今天已得到了很大的發展。

孫思邈提出「大醫精誠」的宏論,至今仍對臨床醫生具有廣泛的教育意義。

他要求醫生對技術要精,對病人要誠。他認為醫生在臨

創造大師

症時應安神定志,精心集中,認真負責。不得問其貴賤貧富,長幼美醜,怨親善友,本族外族,聰明愚昧,要一樣看待。在治療中,醫生要不避危險、晝夜、寒暑、飢渴與疲勞,全心赴救病人,不得自炫其能,貪圖名利。

事實上,這也正是孫思邈身體力行,躬身實踐的寫照。

孫思邈在醫藥醫療上還創造了很多個「第一」:第一個完整論述醫德;第一個治療痲瘋病;第一個發明手指比量取穴法;第一個創立「阿是穴」;第一個提出用草藥餵牛,而使用其牛奶治病的人;第一個提出並試驗成功野生藥物變家種;第一個發明導尿術等。

孫思邈一生以濟世活人為己任,他的高尚醫德和高超醫術足為百世師範!

【旁註】

昆布:海帶科植。昆布可用來糾正由缺碘而引起的甲狀腺機能不足,同時也可以暫時抑制甲狀腺功能亢進的新陳代謝率而減輕症狀,但不能持久,可作手術前的準備。

維生素B:維生素B都是水溶性維生素,它們有交互作用,調節新陳代謝,維持皮膚和肌肉的健康,增進免疫系統和神經系統的功能,促進細胞生長和分裂預防貧血發生。

牛痘：與天花同義。是由天花病毒引起的一種烈性傳染病，也是至目前為止，在世界範圍被人類消滅的第一個傳染病。天花是感染痘病毒引起的，無藥可治，患者在痊癒後臉上會留有麻子，「天花」由此得名。

卡介苗：是一種用來預防兒童結核病的預防接種疫苗。接種後可使兒童產生對結核病的特殊抵抗力。卡介苗接種的主要對象是新生嬰幼兒，接種後可預防發生兒童結核病，特別是能防止那些嚴重類型的結核病，如結核性腦膜炎。

病菌：能使人或其他生物生病的致病微生物。病菌是機體致病的微小生物，其形體微小，它們透過多種途徑進入人體，並在人體內繁殖，感染人體。病菌是無孔不入的。

阿是穴：又名不定穴、天應穴、壓痛點。這類穴位一般都隨病而定，在病變的附近的部位或較遠部位，沒有固定的位置和名稱。它的取穴方法即人們常說的「有痛便是穴」。臨床上醫生根據按壓式的方法，察知病人有酸、麻、脹、痛、重等感覺和皮膚變化，從而予以臨時認定。

獨孤信（西元503年～西元557年）：本名獨孤如願。鮮卑族。北周雲中人，西魏八大柱國之一。諡號「景」。官拜大司馬，進封衛國公。史稱其「美容儀，善騎射」。他的女兒分別是北周、隋、唐的皇后。

■ 創造大師

　　華佗（約西元145年～西元208年）：字元化，一名旉，沛國譙，即今安徽省亳州人。東漢末醫學家，華佗與董奉、張仲景並稱為「建安三神醫」。華佗醫術全面，尤其擅長外科，精於手術，被後人稱為「外科聖手」、「外科鼻祖」。

【閱讀連結】

　　話說唐太宗李世民的長孫皇后懷孕已10多個月不能分娩，大臣徐茂功便推薦孫思邈。

　　由於有「男女授受不親」的禮教束縛，孫思邈就在細問病情後，取出一條紅線，叫宮女把線繫在皇后右手腕上，一端從竹簾拉出來，孫思邈捏著線的一端，在房間外「引線診脈」。

　　沒多久，孫思邈吩咐宮女將皇后的手扶近竹簾，他看準穴位猛扎一針，皇后疼得渾身一顫。隨即，只聽嬰兒呱呱啼哭之聲，緊接著宮女急報產下了皇子，人也甦醒了。最後皆大歡喜。

科技巨擘

科技巨擘

從五代十國至元代是中國歷史上的近古時期。

五代十國時期戰亂不堪，社會經濟遭到破壞。但此間50年蓄積的能量，竟在北宋政權剛一建立就爆發，並迅速使科技發展達到高峰。

沈括以鉅著《夢溪筆談》記載和總結了當時的科技成就。元代制定了有利於經濟建設的措施，在這一政治環境中，郭守敬完成了《授時曆》的編製，王禎也完成了他的農書。

在中國近古時期，有了沈括、郭守敬和王禎這樣的科技翹楚，中國科技史之光更加光彩奪目。

科學家沈括

沈括（西元 1031 年～西元 1095 年），字存中，號夢溪丈人。生於北宋時錢塘，即今浙江省杭州。是北宋時一位博學多才、成就卓著的學者，也是 11 世紀世界一流的科學家。

晚年以平生見聞撰寫的筆記體鉅著《夢溪筆談》，不僅是中國古代的學術寶庫，而且在世界文化史上也有重要的地位。沈括也因而被稱為「中國科學史上最卓越的人物」。

沈括生於一個官僚家庭。他的祖父、父親、外公、舅舅都做過官，母親許氏，又是一個有文化教養的婦女。在良好的家庭環境中，沈括 14 歲就讀完了家中的藏書。

後來他跟隨父親到過福建、江蘇、四川和京城開封等地，有機會接觸社會，對當時人民的生活和生產情況有所了解，增長了不少見聞，也顯示出了超人的才智。

西元 1063 年，沈括考得進士，此後，他參與王安石變法運動，赴兩浙考察水利，出使遼國，任翰林學士，整頓陝西鹽政等。他文武雙全，不僅在科學上取得了輝煌的成績，

科技巨擘

而且為保衛北宋的疆土也做出過重要貢獻。

北宋時期，階級矛盾和民族矛盾都十分尖銳。遼和西夏貴族統治者經常侵擾中原地區，擄掠人口牲畜，為社會經濟帶來很大破壞。

沈括堅定地站在主戰派一邊，在西元 1074 年擔任河北西路察訪使和軍器監長官期間，他攻讀兵書，精心研究城防、陣法、兵車、兵器、策略戰術等軍事問題，編成《修城法式條約》和《邊州陣法》等軍事著作，把一些先進的科學技術成功地應用在軍事科學上。

沈括還對弓弩甲冑和刀槍等武器的製造進行過深入研究，為提升兵器和裝備的品質做出了一定貢獻。

沈括辛勤努力，刻苦鑽研，終於獲得了輝煌的科學成就。這些成就集中展現在他晚年於鎮江夢溪園寫成的《夢溪筆談》一書中。

《夢溪筆談》不僅為我們介紹了中國古代人民在科學技術方面的成就，保存了豐富的極有價值的資料；同時也使我們了解到這位傑出的學者在科學上的貢獻和認真不苟的研究態度。

《夢溪筆談》共 26 卷，另有《補筆談》3 卷，《續筆談》1 卷，共 609 條。涉及的方面非常廣泛，內容極其豐富。下

面分別就天文、曆法、數學、物理、化學、地學、醫藥和生物、歷史與考古、藝術等主要內容略加介紹。

在天文方面,據《夢溪筆談》記載,沈括曾連續用了3個月的時間,每天夜間用天文測量用的「窺管」觀測北極星的位置。他把初夜、中夜和後夜所看到的北極星的方位分別畫在圖上,一共畫了200多幅圖。

經過精心研究,最後他得出了當時北極星和北極的距離為三度多的科學結論。

在曆法方面,沈括主張實行陽曆,就是不以月亮的朔望定月,而是根據節氣定月,取消閏月,也就是把一年分為12個月,大月31天,小月30天。實行這種曆法,就可以避免計算和安排閏月的麻煩,同時節氣也會更準確。

這是一種科學、進步的曆法,當時如能採用,對農業生產是有很大便利的。但是由於保守派的反對,他的新曆法不僅沒有被採用。

沈括的新曆法當時雖然沒有實行,但是在他的援引和幫助下,當時一位平民出身的曆算家衛朴得以進入司天監,擔任改革舊曆法的工作。經過5年的努力,衛朴完成了一部比前代曆法更為精密準確的《奉元曆》。這部《奉元曆》曾在宋朝頒行了19年。

科技巨擘

沈括在數學方面也有精湛的研究。他從實際計算需求出發，創立了「隙積術」和「會圓術」。沈括透過對酒店裡堆起來的酒罈和壘起來的棋子等有空隙的堆體積的研究，提出了求它們的總數的正確方法，這就是「隙積術」，也就是二階等差級數的求和方法。

沈括的研究，發展了自《九章算術》以來的等差級數問題，在中國古代數學史上開闢了高階等差級數研究的方向。

此外，沈括還從計算田畝出發，考察了圓弓形中弧、弦和矢之間的關係，提出了中國數學史上第一個由弦和矢的長度求弧長的比較簡單實用的近似公式，這就是「會圓術」。

「會圓術」的創立，不僅促進了平面幾何學的發展，而且在天文計算中也發揮重要的作用，並為中國球面三角學的發展做出了重要貢獻。

在物理方面，沈括發現了地磁偏角。《夢溪筆談》記載了一些有關磁學的知識。

沈括除了用磁石磨製鋼針，製成了人造磁性指南針之外，還在《夢溪筆談》中介紹了自己所發明的支掛指南針的4種不同的方法：第一種是浮在水面上；第二種是擱在指甲上；第三種擱置在碗邊上；第四種用絲懸掛著。

4種方法以懸絲法最為完善，最適宜於在動盪不定的海

船上使用。沈括發現指南針所指的方向不是正南而稍微偏東的現象，這就是現代物理學所稱的「磁偏角」。

在光學方面，沈括也有重要發現。當他看見凹面鏡映入的物體呈現倒影的現象後，便進行反覆試驗：用手指對準鏡面，鏡面上映出的是正像；但是當他把手指向後移到焦點上的時候，鏡面上的影像就看不見了。然後他再把手指離開焦點逐漸向外移開，鏡面上便出現了倒像。他還用凹面鏡做過向日取火的實驗。

沈括透過這些實驗最後得出了光線通過小孔和焦點形成「光束」的光學原理。

在化學方面，沈括也取得了一定的成就。他在出任延州時候曾經考察研究延州境內的石油礦藏和用途。他利用石油不容易完全燃燒而生成炭黑的特點，首先創造了用石油炭黑代替松木炭黑製造煙墨的工藝。

他已經注意到石油資源豐富，還預測到「此物後必大行於世」，這一遠見已為今天所驗證。另外，「石油」這個名稱也是沈括首先使用的，比以前的石漆、石脂水、猛火油、火油、石腦油、石燭等名稱都貼切得多。

在《夢溪筆談》中有關「太陰玄精」的記載裡，沈括根據物質形狀、潮解、解理和加熱失水等效能的不同區分出幾種晶體，指出它們雖然同名，卻並不是一種東西。他還講到了

科技巨擘

金屬轉化的例項,如用硫酸銅溶液把鐵變成銅的物理現象。

他記述的這些鑑定物質的手段,說明當時人們對物質的研究已經突破單純表面現象的觀察,而開始向物質的內部結構探索進軍了。

沈括在地學方面也有許多卓越的論斷,反映了中國當時地學已經達到了先進水準。

他正確論述了華北平原的形成原因:根據河北太行山山崖間有螺蚌殼和卵形礫石的帶狀分布,推斷出這一帶是遠古時代的海濱;而華北平原是由黃河、漳水、滹沱河、桑乾河等河流所攜帶的泥沙沉積而形成的。

當他察訪浙東的時候,觀察了雁蕩山諸峰的地貌特點,分析了它們的成因,明確地指出這是由於水流侵蝕作用的結果。他還連繫西北黃土地區的地貌特點,做了類似的解釋。

他還觀察研究了從地下發掘出來的類似竹筍以及桃核、蘆根、松樹、魚蟹等各式各樣化石,明確指出它們是古代動物和植物的遺跡,並且根據化石推論了古代的自然環境。這些都表現了沈括可貴的唯物主義思想。

沈括視察河北邊防的時候,曾經把所考察的山川、道路和地形,在木板上製成立體地理模型。這個作法很快便被推廣到邊疆各州。

西元 1076 年，沈括奉旨編繪〈天下州縣圖〉。他查閱了大量檔案檔案和圖書，經過近 20 年的堅持不懈的努力，終於完成了中國製圖史上〈守令圖〉這部鉅作。

這是一套大型地圖集，共計 20 幅，其中有大圖 1 幅，高 1.2 丈，寬 1 丈；小圖 1 幅；按當時行政區劃，全國分作 18 路，據此製作各路圖 18 幅。圖幅之大，內容之詳，都是以前少見的。

在製圖方法上，沈括提出分率、准望、互融、傍驗、高下、方斜、迂直等 9 個方法。他還把四面八方細分成 24 個方位，使圖的精度有了進一步提升，為中國古代地圖學做出了重要貢獻。

沈括還應用比例尺的方法來表明地圖上的實際距離。他在地圖上把 50 公里縮成 2 寸，繪成一部「天下郡縣圖」，同時又把全國郡縣的位置用文字詳細準確地記錄下來。這樣，即使地圖遺失了，還可以根據紀錄重新繪製。

沈括所用的這種繪圖方法是很科學的。我們現在用的一般地圖，除了測量地形用的儀器比以前更精確和利用經緯線以外，基本原理和沈括所用的並沒有什麼不同。

沈括對醫藥學和生物學也很精通。他在青年時期就對醫學有濃厚興趣，並且致力於醫藥研究，收集了很多驗方，治癒過不少危重病人。同時他的藥用植物學知識也十分廣博，

科技巨擘

並且能夠實際出發,辨別真偽,糾正古書上的錯誤。曾經提出「五難」新理論。

沈括的醫學著作有《沈存中良方》等。現存的《蘇沈良方》是後人把蘇軾的醫藥雜說附入《良方》之內合編而成的,現有多種版本行世。《夢溪筆談》及《補筆談》中,都有涉獵醫學,如提及秋石之製備,論及44種藥物之形態、配伍、藥理、製劑、採集、生長環境等。

在歷史與考古方面,《夢溪筆談》中保存了許多有價值的科學史資料。最主要的是關於活字板印刷術、水利和建築方面的記述。

《夢溪筆談》中關於活字板印刷術的記載,是我們今天對於畢昇的活字板印刷術的設備和使用情況所能得到的唯一詳盡的資料。我們今天還能夠這樣清楚地了解到1,000多年前這一偉大發明的情形和具體操作方法,這不能不歸功於沈括。

《夢溪筆談》中記錄了一些重要歷史事件的真實情況,特別是對於西元993年四川王小波、李順所領導的農民起義有一段比較詳細的記述。

他在這一段記載中以生動、凝鍊的文字記下了起義軍的進步政策和嚴明的紀律。從中我們可以看出,沈括本身雖然是封建統治階級中的人物,但是他對於農民起義的記載還是

比較真實的,勇於揭露歷史的真相。

此外,沈括在《夢溪筆談》中對於許多出土文物的時代、形狀、文字、花紋及古代的服裝、度量衡制度等,都加以詳細的考證。他在這方面所做出的成績,對於宋朝新興起來的考古學的發展,發揮很大的推動作用。

在藝術方面,《夢溪筆談》這部書不但敘事明確,邏輯性很強,而且文字生動、簡練、優美,富有文學色彩,讓我們可以從中看出他在文學方面造詣之深。

沈括對於音樂和美術都有很深的愛好。《夢溪筆談》卷5專論音樂,卷17專論書畫。他對古代音樂理論、樂器的製作和使用方法以及少數民族的音樂都有精心的研究,而且還會作曲。他曾寫過《樂論》、《樂器論》、《三樂譜》、《樂律》等4部著作,可惜這些著作也都失傳了。

關於美術,沈括曾指出,當時有一派畫家所畫的山上亭館、樓塔、屋簷等,看起來好像都是以從下向上仰視的角度所畫出來的形象,從整個畫面來說,這種角度是不對的。

因為觀畫的人並不是置身在畫境之中而是站在畫面之外,不是仰視而是平視,有如觀看盆景中的假山一樣。沈括認為如果從下而上仰視的角度來看,只會看見一重山或一幢房屋。因此,前面說的那種畫法顯然是不對的。

■ 科技巨擘

　　以上所舉的一些例子，只不過是《夢溪筆談》一書的簡單輪廓。《夢溪筆談》廣泛地包羅了各方面的知識，但最主要的是關於自然科學方面的研究成果的紀錄。

　　《夢溪筆談》不只是沈括個人一生辛勤研究的結晶，也是中國人民千百年來累積下來的科學經驗的總結。它無疑是中國文化寶庫中的一顆明珠，至今還閃爍著燦爛的光輝。有人把《夢溪筆談》這部書稱作中國科學史上的「座標」，把沈括稱為「中國科學史上最卓越的人物」，確是實至名歸。

　　當然，由於時代的限制，這部書也和古代其他許多筆記一類的書籍一樣，用了相當的篇幅記載了許多迷信荒誕的故事。不過以《夢溪筆談》的巨大成就相比較，它的缺點還是瑕不掩瑜的。

【旁註】

　　王安石變法：是中國歷史上北宋政治家王安石針對當時「積貧積弱」的社會現實，以富國強兵為目的的，而掀起的一場轟轟烈烈的改革。他頒布了「農田水利法」、均輸法、青苗法、市易法、方田均稅法，並推行保甲法和將兵法以強兵。

　　閏月：陰陽曆中為使曆年平均長度接近回歸年而增設的月。在亞洲，閏月特指農曆每逢閏年增加的一個月。有時，

閏月還指閏年中包含閏日的月分，特指公曆閏年的二月。

磁學：又稱為鐵磁學，是現代物理學的一個重要分支。是研究與磁場有關現象的學科。磁學和電學有著直接的連繫。經典磁學認為如同電荷一樣，自然界中存在著獨立的磁荷。相同的磁荷互相排斥，不同的磁荷互相吸引。

凹面鏡：凹面的拋物面鏡，平行光照於其上時，透過其反射而聚在鏡面前的焦點上，反射面為凹面，焦點在鏡前，當光源在焦點上，所發出的光反射後形成平行光束，也叫凹鏡、會聚鏡。

礫石：是風化岩石經水流長期搬運而成的無稜角的天然粒料。是沉積物分類中的一種名稱。由暴露在地表的岩石經過風化作用而成；常沉積在山麓和山前地帶；或由於岩石被水侵蝕破碎後，經河流沖刷沉積後產生；礫石膠結後形成礫岩或角礫岩。

五難：即礙養生之道的5種情慾。三國時的嵇康在《答難養生論》中說：「養生有五難：名利不滅，此一難也。喜怒不除，此二難也。聲色不去，此三難也。滋味不絕，此四難也。神慮消散，此五難也。」

衛朴：淮南人。北宋天文數學家。平民出身，精演算法。曾得沈括讚賞，西元1072年被推薦入司天監主持修訂《奉元曆》。西元1074年成曆並頒行，施行達18年。

科技巨擘

畢昇（約西元 970 年～西元 1051 年）：北宋淮南路蘄州蘄水，即今湖北省黃岡人。宋慶曆年間，他根據經驗，發明膠泥活字印刷技術。他的字印為沈括家人收藏，其事蹟見《夢溪筆談》卷 18。

【閱讀連結】

沈括很有環保觀念，很早就指出我們不得隨便砍伐樹木。

有一次，沈括在書中讀到「高奴縣有洧水，可燃」這句話。後來他特地進行實地考察。

考察中，沈括發現了一種褐色液體，當地人叫它「石漆」、「石脂」，用它燒火做飯，點燈和取暖。沈括為這種液體取了一個新名字，叫石油。這個名字一直被沿用到今天。

他當時就想用石油代替松木作為燃料。他說不到必要的時候絕不能隨意砍伐樹木，尤其是古林，更不能破壞！在今看來其觀點是絕對正確的，可當時並未得到重視。

數學家秦九韶

秦九韶（西元 1208 年～西元 1261 年），字道古，南宋末年人，出生於今山東省曲阜，南宋官員、數學家。與李冶、楊輝、朱世傑並稱「宋元數學四大家」。

他精研星象、音律、算術、詩詞、弓劍、營造之學，歷任瓊州知府、司農丞，後遭貶，卒於梅州任所。

著作《數書九章》，其中的大衍求一術、三斜求積術和秦九韶演算法是具有世界意義的重要貢獻。

秦九韶從小聰敏勤學，西元 1231 年，考中進士，先後湖北、安徽、江蘇、浙江等地擔任縣尉、通判、參議官、州守等職。

據史書記載，他「性極機巧，星象、音律、算術以至營造無不精究」，還嘗從李梅亭學詩詞。他在政務之餘，以數學為主線進行潛心鑽研，而且應用範圍至為廣泛：天文曆法、水利水文、建築、測繪、農耕、軍事、商業金融等方面。

科技巨擘

西元 1244 年至西元 1247 年，秦九韶在湖州為母親守孝，三年期間，他把長期累積的數學知識和研究所得加以編輯，寫成了舉世聞名的數學鉅著《數書九章》。書成後，並未出版。

原稿幾乎流失，書名也不確切。後歷經宋、元至明代，此書無人問津，直至明永樂年間，在明朝學者解縉主編《永樂大典》時，記書名為《數學九章》。又經過 100 多年，經王應麟抄錄後，由王修改為《數書九章》。

此書不但在數量上取勝，重要的是在品質上也是拔尖的。從歷史上來看，秦九韶的《數書九章》可與《九章算術》相媲美；從世界範圍來看，秦九韶的《數書九章》也不愧為世界數學名著。

他在《數書九章》序言中說，數學大則可以通神明，順性命；小則可以經世務，類萬物。

所謂「通神明」，即往來於變化莫測的事物之間，明察其中的奧祕；「順性命」，即順應事物本性及其發展規律。在秦九韶看來，數學不僅是解決實際問題的工具，而且應該達到「通神明，順性命」的崇高境界。

《數書九章》全書共 9 章 9 類，18 卷，每類 9 題共計 81 個算題。

該書著述方式，大多由「問曰」、「答曰」、「術曰」、「草曰」4部分組成：「問曰」，是從實際生活中提出問題；「答曰」，是提出答案；「術曰」，是闡述解題原理與步驟；「草曰」，是提出詳細的解題過程。

另外，每類下還有頌詞，詞簡意賅，用來記述本類算題主要內容、與國計民生的關係及其解題思路等。

此書概括了宋元時期中國傳統數學的主要成就，尤其是系統總結和發展了高次方程的數值解法與一次同餘問題的解法，提出了相當完備的「正負開方術」和「大衍求一術」。對數學發展產生了廣泛的影響。

【旁註】

進士：在中國古代科舉制度中，通過最後一級考試者，稱為進士。是古代科舉殿試及第者之稱。意為可以進授爵位之人。中國科舉制度是中國歷史上的考試選拔官員的一種基本制度。它淵源於漢朝，創始於隋朝，歷經唐、宋、元、明、清。整整綿延存在了1,300週年。

縣尉：官名。秦、漢制度，與縣丞同為縣令佐官，掌治安捕盜之事。一般大縣兩人，小縣一人。西漢長安與東漢洛陽，各有縣尉。魏、晉、南北朝沿設。西晉洛陽與東晉南朝建康各有六部尉。隋改尉為正，後又置尉，分戶曹、法曹。

科技巨擘

唐初再改為正,縣一兩人,掌分判諸司之事。

解縉(西元1369年～西元1415年):明朝內閣首輔、著名學者。字大紳,縉紳,號春雨、喜易,諡文毅,江西省吉水人,明朝政治人物解綸之弟。他19歲中進士,為明太祖朱元璋所器重。後因上「萬言書」批評朝政,被罷官8年之久。永樂初,任翰林學士,主持纂修《永樂大典》,不久,又被排擠出朝。

【閱讀連結】

秦九韶創造的「大衍求一術」,不僅在當時處於世界領先地位,而且在近代數學和現代電子計算設計中也發揮了重要作用,被稱為「中國剩餘定理」。

他所論的「正負開方術」,被稱為「秦九韶程式」。世界各國從小學、中學到大學的數學課程,幾乎都接觸到他的定理、定律和解題原則。

秦九韶在數學方面的研究成果,比英國數學家取得的成果要早800多年。

修訂曆法的郭守敬

　　郭守敬（西元 1231 年～西元 1316 年），字若思。生於元朝順德邢臺，即今河北省邢臺。元朝的天文學家、數學家、水利專家和儀器製造專家。

　　郭守敬修訂的新曆法《授時曆》，是當時世界上最先進的一種精良的曆法，通行 360 多年。西元 1981 年，為紀念郭守敬誕辰 750 週年，國際天文學會將月球背面的一環形山命名為「郭守敬環形山」，將小行星 2012 命名為「郭守敬小行星」。

　　郭守敬父親的名字無從可考，他的祖父叫郭榮，精通五經，熟知天文、算學，擅長水利技術，是金元之際一位頗有名望的學者。

　　郭守敬幼承祖父郭榮家學，在十五六歲的時候就顯露出了科學才能。那時他得到了一幅「蓮花漏圖」。他對圖樣做了精細的研究，居然摸清了蓮花漏的製造方法和原理，試做了一套正規的蓮花漏鑄銅器，後來元朝政府裡的天文臺也採

用了這種器具。

年紀才 10 多歲的郭守敬居然有這樣的作為，這就足以證明他確是一個能夠刻苦鑽研的少年。

郭榮為了讓他孫子開闊眼界，得到深造，就把郭守敬送到自己的同鄉老友劉秉忠門下去學習。劉秉忠精通經學和天文學。

在這裡，郭守敬大開視野，還結識了一位好朋友王恂，他們後來在天文曆法工作中親密合作，做出了卓越的貢獻。

不久，劉秉忠被元世祖忽必烈召進京城。臨行前，劉秉忠把郭守敬介紹給了自己的老同學張文謙。郭守敬跟著張文謙到各處勘測地形，籌劃水利方案，並幫助做些實際工作。

幾年之間，郭守敬的科學知識和技術經驗更豐富了。張文謙看到郭守敬已經漸趨成熟，就在西元 1262 年，把他推薦給元世祖忽必烈，說他熟悉水利，聰明過人。

郭守敬初見元世祖，就當面提出了 6 條水利建議。第一條建議修復從當時的中都到通州的漕運河道；第二第三條是關於他自己家鄉地方用水和灌溉管道的建議；第四條是關於磁州、邯鄲一帶的水利建議的意見；第五第六條是關於中原地帶沁河河水的合理利用和黃河北岸管道建設的建議。

這 6 條都是經過仔細查勘後提出來的切實的計畫，對於

修訂曆法的郭守敬

經由路線、受益面積等項都說得清清楚楚。

元世祖認為郭守敬的建議很有道理,就命他掌管各地河渠的整修和管理等工作。

西元1264年,張文謙被派往西夏去巡察,他帶了擅長水利的郭守敬同行。郭守敬到了那裡,立即著手疏通舊渠,開闢新渠,又重新修建起許多水閘、水壩。由於大家動手,這些工程竟然在幾個月之內就完工了。

西元1265年,郭守敬回到了上都,被任命為都水少監,協助都水監掌管河渠、堤防、橋梁、閘壩等的修治工程。西元1271年升任都水監。西元1276年都水監併入工部,他被任為工部郎中。

西元1276年,元軍攻下了南宋首都臨安,全國統一已成定局。元世祖決定改訂舊曆,頒行元朝自己的曆法。這件工作名義上以張文謙為首腦,但實際負責曆局事務和具體編算工作的是精通天文、數學的王恂。

在當時,王恂就想到了老同學郭守敬。雖然郭守敬擔任的官職一直是在水利部門,但他的擅長製器和通曉天文,是王恂很早就知道的。因此,郭守敬就由王恂的推薦,參加修曆,奉命製造儀器,進行實際觀測。

從此,郭守敬的科學活動又揭開了新的一章,他在天文

科技巨擘

學領域裡發揮了高度的才能。

大都天文臺的儀器和裝備雜亂不堪，有的已經老化。天文臺所用的圭表因年深日久而變得歪斜不正，郭守敬立即著手修理，把它扶置到準確的位置。這些儀器終究是太古老了，雖經修整，但在天文觀測必須日益精密的要求面前，仍然顯得不相適應。郭守敬不得不改進和創製一套更精密的儀器。

這些儀器裝備中的渾儀還是北宋時代的東西。郭守敬只保留了渾儀中最主要最必需的兩個圓環系統，並且把其中的一組圓環系統分出來，改成另一個獨立的儀器，把其他系統的圓環完全取消。這樣就根本改變了渾儀的結構。

再把原來罩在外面作為固定支架用的那些圓環全都撤除，用一對彎拱形的柱子和另外 4 根柱子承託著留在這個儀器上的一套主要圓環系統。這樣，圓環就四面凌空，一無遮攔了。

這種結構，比起原來的渾儀來，真是又實用，又簡單，所以取名「簡儀」。簡儀的這種結構，同現代稱為「天圖式望遠鏡」的構造基本上是一致的。在歐洲，像這種結構的測天儀器，要到 18 世紀以後才開始從英國流傳開來。

郭守敬用這架簡儀做了兩項精密的觀測，一項是黃道和赤道的交角的測定；另一項觀測是二十八宿距度的測定。這

修訂曆法的郭守敬

兩項觀測,對後來新曆的編算具有重大的意義。

郭守敬還獨創了一件儀器。這件儀器是一個銅製的中空的半球面,形狀像一口仰天放著的鍋,名叫「仰儀」。

仰儀是採用直接投影方法的觀測儀器,非常直觀、方便。例如,當太陽光通過中心小孔時,在仰儀的內部球面上就會投影出太陽的映像,觀測者便可以從網格中直接讀出太陽的位置了。

尤其在日全食時,它能測定日食發生的時刻,利用仰儀能清楚地觀看日食的全過程,連同每一個時刻、日食的方位角、食分多少和日面虧損的位置、大小都能比較準確地測量出來。

這架儀器甚至還能觀測月球的位置和月食情況。被稱為「日食觀測工具的鼻祖。」

仰儀流傳到北韓和日本後,取消了璇璣板,改成尖頂的晷針,從而成為純粹的日晷,被稱為仰釜日晷。

郭守敬改進的簡儀和獨創的仰儀,在編訂新曆時提供了不少精確的資料,這確是新曆得以成功的一個重要原因。

天文臺的儀器裝備已經基本完備,於是,王恂、郭守敬等同一位尼泊爾的建築師阿尼哥(Araniko)合作,在大都興建了一座新的天文臺,臺上就安置著郭守敬所創製的那些天

科技巨擘

文儀器。它是當時世界上設備最完善的天文臺之一。

由於郭守敬的建議,西元 1279 年,元世祖派了 14 位天文學家,到當時大都以外的國內 26 個地點,進行幾項重要的天文觀測。在其中的 6 個地點,特別測定了夏至日的表影長度和晝、夜的時間長度。

這些觀測的結果,都為編製全國適用的曆法提供了科學的數值。這一次天文觀測的規模之大,在世界天文學史上也是少見的。

這是一次意義深遠的「四海測驗」。值得敬佩的是,郭守敬奉旨進行「四海測驗」,在南海的測量點就在中國黃巖島。

經過王恂、郭守敬等人的集體努力,至西元 1280 年春天,一部新的曆法宣告完成。按照「敬授民時」的古語,取名「授時曆」。同年冬天,正式頒發了根據《授時曆》推算出來的下一年的日曆。

《授時曆》頒行不久,幾個主要的參加編曆工作的人,退休的退休,死的死了,王恂也病逝了。但有關這部新曆的許多算草、數表等都還是一堆草稿,不曾整理。於是,最後的整理定稿工作全部落到郭守敬的肩上。

郭守敬又花了兩年多的時間,把數值、算表等整理清

修訂曆法的郭守敬

楚，寫出《推步》7卷、《立成》2卷、《歷議擬稿》3卷、《轉神選擇》2卷、《上中下注釋》12卷留傳後世。其中的一部分就是《元史‧曆志》中的《授時曆經》。

《授時曆》反映了當時中國天文曆法的新水準。在這部曆法裡，有許多革新創造的成績。例如，廢除了過去許多不合理、不必要的計算方法，例如避免用很複雜的分數來表示一個天文數值的尾數部分，改用十進小數等；定一回歸年為365.2425日，比地球繞太陽公轉一周的實際時間，僅差26秒，和現代世界通用的公曆完全相同；創立了「三差內插公式」和「球面三角公式」，是具有世界意義的傑出成就。

《授時曆》經受住了時間考驗。它在中國沿用了300多年，產生了重大影響。現行公曆是義大利天文學家阿洛伊修斯‧里利烏斯（Aloysius Lilius）在西元1582年提出的，比《授時曆》晚了整整300年。北韓、越南都曾採用過《授時曆》。

此後不久，郭守敬升為太史令。在以後的幾年間，他又繼續進行天文觀測，並且陸續地把自己製造大文儀器、觀測天象的經驗和結果等極寶貴的知識編寫成書。

他寫的天文學著作共有百餘卷之多。可惜封建帝王元世祖不願讓真正的科學知識流傳到民間去，把郭守敬的天文著作通通鎖在深宮祕府之中。

除此之外，郭守敬還開通了大都的通惠河。大都是元朝的首都，城內每年消費的糧食達幾百萬斤。這些糧食絕大部分是從南方產糧地區征運來的。然而，陸運耗費的巨大，始終在促使著人們去尋求一條合適的水道。

這個任務，到郭守敬的時候才得到完成。郭守敬提出的第一個方案就是他在西元 1262 年初見元世祖時所提出來的 6 條水利建議中的第一條，即修復從當時的中都到通州的漕運河道。

組織開通了通惠河之後，郭守敬一直兼任天文和水利兩方面的領導工作。西元 1294 年，他升知太史院事。但是關於水利方面的工作，當時政府仍經常要徵詢他的意見。

西元 1303 年，元成宗下詔，說凡是年滿 70 歲的官員都可以退休，獨有郭守敬，因為朝廷還有許多工作都要依靠他，不准他退休。然而，由於元成宗之後政權迅速腐朽，把元世祖時代鼓勵農桑的這點正面因素拋棄淨盡了。

在這種情況下，郭守敬的創造活動自然也受到極大的限制。和他當時不斷提升的名望相對照，他晚年的創造活動不免太沉寂了。

除了在西元 1298 年建造了一架天文儀器靈臺水渾以外，就再沒有別的重大創製和顯著表現了。可以設想，如果他晚年能夠有較好的社會政治條件，可能還有更大的貢獻。

【旁註】

蓮花漏：宋代計時器的一種。宋仁宗朝有燕肅造蓮花漏，在很多州使用。蓮花漏就是浮漏，用兩個放水壺，一個受水壺，再用兩根叫「渴烏」的細管，利用虹吸原理，把放水壺中的水，逐步放到受水壺中，使受水壺中水平面高度保持恆定，據以測時。

臨安：宋室南遷，西元 1138 年定行在於浙江杭州，改稱臨安。此後便擴建原有吳越宮殿，增建禮制壇廟，疏濬河湖，增闢道路，改善交通，發展商業、手工業，使之成為全國的政治、經濟、文化中心。直至西元 1276 年南宋滅亡，前後共計 138 年。

大都：元朝都城。其址即今北京的部分地區。元大都奠立了近代北京城的雛形，是當時世界最大的都市之一。至今留存的元大都建築有白塔寺、白雲觀、國子監、孔廟、建國門司天臺等。

二十八宿：是古人為觀測日、月、五星執行而劃分的 28 個星區，用來說明日、月、五星執行所到的位置。每宿包含若干顆恆星。是中國傳統文化中的主題之一，廣泛應用於中國古代天文、宗教、文學及星占、星命、風水、擇吉等術數中。

■ 科技巨擘

　　黃巖島：是中國三沙市管轄中沙群島中唯一露出水面的島礁，位於北緯 15 度 07 分，東經 117 度 51 分，距中沙環礁約 160 海里。黃巖島是中國固有領土。1279 年，元代郭守敬進行「四海測驗」時，曾在中國南海的黃巖島設立測量點。

　　回歸年：從地球上看，太陽繞天球的黃道一周的時間，即太陽中心從春分點到春分點所經歷的時間，又稱為太陽年。一個回歸年約等於 365 日 5 小時 48 分 46 秒。一個回歸年，地球圍繞太陽公轉是 359 度 59 分 09 秒 740 毫角秒。

　　通惠河：元代挖建的漕運河道，由郭守敬主持修建。自 1292 年開工，1293 年竣工，元世祖將此河命名為通惠河。通惠河不僅是北京的一條經濟命脈，也是京城著名的風景遊覽區，而這個遊覽區域主要位於朝陽區。

　　王恂（西元 1235 年～西元 1281 年）：字敬甫。中山唐縣，即今河北省唐縣人。元代數學家、文學家。幼小從劉秉忠學習數學、天文、後與郭守敬一道從劉秉忠學習數學和天文曆法，精通曆算之學。

　　元成宗（西元 1265 年～西元 1307 年）：即孛兒只斤·鐵穆耳。元世祖忽必烈孫、太子真金之子。蒙古帝國可汗，元朝第二位皇帝。諡號「欽明廣孝皇帝」，蒙古汗號「完澤篤可汗」，廟號成宗。在位期間基本維持守成局面，但濫增賞賜，國庫資財匱乏，鈔幣貶值。

【閱讀連結】

郭守敬剛剛 20 歲的時候，就已經能對地理現象做頗為細緻地觀察了。

在他的老家邢臺縣的北郊，有一座石橋。金元戰爭時橋被破壞，橋身陷在泥淖裡。日子一久，竟沒有人說得清它的所在了。這讓來往的人帶來了很大的不便，而且嚴重影響農業發展。

郭守敬查勘了河道上下游的地形，判斷出舊橋基的位置。根據他的指點，居然一下挖出了長久被埋沒的橋基。

這件事引起了很多人的驚訝。石橋修復後，當時一位有名的文學家元好問還特意為此寫過一篇碑文。

科技巨擘

數學家朱世傑

　　朱世傑（西元1249年～西元1314年），字漢卿，號松庭，今北京人，元代數學家、教育家，畢生從事數學教育。有「中世紀世界最偉大的數學家」之譽。

　　朱世傑在當時天元術的基礎上發展出「四元術」，也就是列出四元高次多項式方程，以及消元求解的方法。此外，他還創造出「堆積法」，即高階等差數列的求和方法，與「招差術」，即高次內插法。主要著作是《算學啟蒙》與《四元玉鑑》。

　　據說，中國在兩漢時期就能解一次方程，古時候稱為「方程術」。

　　至宋元時期又出現了具有世界意義的成就──天元術。那麼，當未知數不止一個的時候，如何列出高次聯立方程組求解呢？

　　有這樣一道古代數學題：

　　直田積864步，只云長闊共60步，問闊及長各幾步？

答曰：闊 24 步，長 36 步。

這就是說，長方形田地的面積等於 864 平方步，長與寬的和是 60 步，長與寬各多少步？此題列成方程式即是：xy=864，x+y=60，其中 x、y 分別表示田的長和寬，這是一個二元二次方程組問題，此題選自中國南宋數學家楊輝所著《田畝比類乘除演算法》一書。

這說明，中國宋代數學家就已結合生產實踐對多元高次方程組有了研究。那麼，有沒有三元三次方程組，四元四次方程組呢？當然有。早在宋、元時期，中國數學家就圓滿地解決了這個問題。這個人便是朱世傑。

在宋元時期，中國數學鼎盛時期中傑出的數學家有「秦、李、楊、朱四大家」，朱世傑就是其中之一。他是一位平民數學家和數學教育家，平生勤力研習《九章算術》，旁通其他各種演算法，成為元代著名數學家。

在與他同時代的數學家秦九韶、李治所創立的一元高次方程的數值解法和天元術的基礎上，朱世傑進一步發展了「四元術」，創造了用消元法解二、三、四元高次方程組的方法。

朱世傑這一重大發明，都記錄在他的傑作《四元玉鑑》一書中。

科技巨擘

所謂四元術,就是用天元 x、地元 y、人元 z、物元 u 等四元表示四元高次方程組。朱世傑不僅提出了多元高次聯立方程組的算籌擺置記述方法,而且把《九章算術》等書中四元一次聯立方程解法推廣到四元高次聯立方程組。

四元術用四元消法解題,把四元四式消去一元變成三元三式,再消去一元變成二元二式,再消去一元,就得到一個只含一元的天元開方式,然後用增乘開方法求正根。這和現代解方程組的方法基本一致。

在西方,在 16 世紀以前,人們長期把不同的未知數用同一個符號來表示,以致含混不清。直至西元 1559 年,法國數學家彪特才開始用不同的字母 A、B、C……來表示不同的未知數。

而中國,朱世傑早在西元 1303 年就巧妙地解決了這個問題,他用天、地、人、物這四元來表示 4 個未知數,即相當於現在的 x、y、z、u。

而關於四元高次聯立方程的求解,歐洲直至西元 1775 年,法國數學家別朱在他的《代數方程的一般理論》一書中才得以系統化地解決。但這已比朱世傑晚了四五百年。

四元術是中國數學家的又一輝煌成就。它達到了當時世界數學發展的高峰。

【旁註】

招差術：即高次內插法，是現代計算數學中一種常用的插值方法。「招差」一詞為元代數學家、曆法家王恂首創。元代數學家朱世傑在《四元玉鑑》多次使用招差術。招差術的創立、發展和應用是中國數學史和天文學史上具有世界意義的重大成就。

李冶：原名李治，字仁卿，號敬齋，今河北省石家莊市人，中國金元時期的數學家。金代曾任河南鈞州地方長官。元朝後，長期在封龍山隱居講學。著有《測圓海鏡》12卷、《益古演段》3卷等。他在數學上的主要貢獻是天元術，用以研究直角三角形內切圓和旁切圓的性質。

楊輝：字謙光，錢塘人，中國古代數學家和數學教育家。據說，楊輝曾擔任過南宋地方行政官員，為政清廉，足跡遍及蘇杭一帶，他署名的數學書共5種21卷。他是世界上第一個排出豐富的縱橫圖和討論其構成規律的數學家。

【閱讀連結】

據說，元朝初年，朱世傑曾在揚州西湖河畔教書。

一天，就在他接待學生報名之時，突然一聲聲叫罵聲引起他的注意。

科技巨擘

原來是一個妓女院的鴇母在打罵一個姑娘。而這姑娘的父親因借鴇母的 10 兩銀子,由於天災還不起銀子,只好賣女兒抵債。

朱世傑毅然買下了這位姑娘,並教授她數學知識。

幾年後,兩人便結成夫妻。為此,揚州民間至今還流傳著這樣一句話:元朝朱漢卿,教書又育人。救人出苦海,婚姻大事成。

農學家王禎

王禎（西元 1271 年～西元 1368 年），字伯善。生於元代東平，即今山東省東平。元代農學、農業機械學家。

所著《王禎農書》，繼承了前人在農學研究上所取得的成果，總結了元朝以前農業生產實踐的經驗，全面系統地解釋了廣義農業生產所包括的內容和範圍，在中國農學史上占有極其重要的地位。

王禎的家鄉東平在元初已是封建文人薈萃的地方。當時的統治者忽必烈非常重視總結農業知識，普及農業技術，曾在東平讓許多名士先後設帳授徒，元朝也先後產生了《農桑輯要》和《農桑衣食撮要》這樣的農業科學著作。王禎受其影響而開始接觸農學。

王禎在西元 1295 年任宣州旌德縣縣尹，和在西元 1300 年擔任信州永豐縣縣尹時，繼承了傳統的「農本」思想，認為國家從中央到地方政府的首要政事就是抓農業生產。為此，他在任期間恪盡職守，公正無私，勤勉務實，為民辦事。

科技巨擘

王禎留心農事,處處觀察,累積了豐富的農業知識。為了總結農事經驗,王禎在旌德縣尹期間,就開始著手編寫《農書》,也叫《王禎農書》,直至調任永豐縣尹後才完成。西元1313年,王禎又為這本書寫了一篇自序,正式刻版發行。

《王禎農書》共37卷,現存36卷,另有編著22卷的版本,內容相同。該書規模宏大,範圍廣博,大約13萬字,插圖300多幅。

其中包括《農桑通訣》、《百穀譜》和《農器圖譜》三大部分。最後所附《雜錄》中有和農業生產關係不大的「造活字印書法」。全書既有總論,又有分論,圖文並茂,系統分明,體例完整。

《農桑通訣》可以說是「農業總論」,共6卷,19篇,是王禎對農業綜合性的總結,貫穿了以農為本的觀念和天時、地利、人力共同決定農業的思想。

《農桑通訣》論述了農業、牛耕和桑業的起源;農業與天時、地利及人力三者之間的關係,接著按照農業生產春耕、夏耘、秋收、冬藏的基本順序,記載了大田作物生產過程中每個事項應採取的共同的基本措施;最後是「種植」、「畜養」和「蠶繅」3篇,記載有關林木種植包括桑樹、禽畜飼養以及蠶繭加工等方面的技術。

《農桑通訣》以「授時」和「地利」兩篇探討了農業生產客觀環境的複雜性和規律性，強調了農業生產中「時宜」和「地宜」的重要性。

《農桑通訣》還分列了「種植」、「畜養」、「蠶繰」等專篇，闡述林、牧、副、漁等廣義農業各個方面的內容，並宣揚了官府的重農思想和勸農措施。這部分內容，使人們對廣義農業的內容和範圍以及農業生產中客觀規律性和主觀能動性的各個方面，都能有清晰明瞭的認知。

《百穀譜》共4卷11篇，是農作物栽培各論，闡述的是各種農作物的品種、特性、栽培、種植、收穫、貯藏、利用等技術知識，所介紹的農作物共有80多種。穀譜包括穀屬2卷、蓏屬1卷、蔬屬2卷、果屬3卷、竹木1卷、雜類1卷，初步具備了對農作物實行分類學的萌芽。

《農器圖譜》是全書重點，共有12卷之多，篇幅占全書4/5，也是最能展現王禎科技思想精華之所在。

具體分為田制、耙扒、蓑笠、杵臼、倉廩、鼎釜、舟車、灌溉、利用、蠶桑、織絍、纊絮、麻苧12門，詳盡介紹了當時和古代以及他所創製的農具、農業機械和農家生活用具等257種。共繪有圖譜306幅，每幅圖都有文字說明，介紹各種器具的構造、發展演變過程、使用方法和功效。

關於土地翻治農具，《農器圖譜》介紹了犁、犁刀、耙

科技巨擘

耬等。重點介紹的播種農具是耬車。耬車漢代有，元代又有創新，增加了一個肥料箱，使播種與施肥同時進行；增加了砘車裝置，播種後能馬上掩土。

對於農業灌溉器械，王禎一方面把傳統的龍骨水車創新為用水力來推動，成為「自動化」機械，還創製了高轉筒車灌溉機械，能夠把水提升至 33 公尺高的地面進行灌溉，兩部筒車相接，就可以把水提升 66 公尺。

收穫農具有粟鑑、輾、推鐮等。王禎把麥釤、麥綽、麥籠等配合起來做成的快速收麥器，是效率極高的收割農具，相傳一人一天能收麥 10 多畝。

在農產品加工機械方面，最著名的創新發明是水輪三事。在傳統的普通水力磨上對機械裝置改進後，可以同時具有磨面、礱稻、碾米功能。

水轉連磨則是利用水力發動的機械，用一個立式的大水輪，再透過一系列的齒輪傳動裝置，能同時使九個磨盤旋轉工作。王禎在「利用門」一節仲介紹的水力農機達 14 種之多，還不包括水力灌溉機械。

從整個《農器圖譜》的機械與圖譜中，可以明顯看到王禎既是卓越的農學家，更是傑出的機械製造家。他對於繩輪、齒輪、曲柄、連桿等傳動裝置的運用已駕馭自如，得心應手。在許多機械部件與整體機械原理上，也同樣顯示出其

過人的研究與極高的造詣。

《農器圖譜》中多達 300 幅的插圖，也是以前的農書中所絕無僅有的。正是靠著這些圖譜，中國古代的許多農業機械器具才得以保存。可以說，《農器圖譜》是王禎在古農書中的一大創造，是古代中國農器圖譜的公認「鼻祖」。

《王禎農書》是中國第一部力圖從全國範圍對整個農業做系統化全面論述的著作。《王禎農書》所涉及的地域包括南北方的 17 個省區，這也是以前任何一部古農書所不及的。也是中國古代一部農業百科全書。

【旁註】

縣尹：「尹」是舊時長官的名稱，如縣尹、府尹，縣尹就是知縣，縣長。早在春秋時期，楚國不斷在邊地設縣，作為邊防重鎮，有徵賦制度，擁有重兵，其長官稱縣尹，尊稱為縣公。

活字：用於排版印刷的反文單字。北宋畢昇發明泥活字，是活字的開端。以後又發展了錫活字、木活字、銅活字、鉛活字等。

分類學：綜合性學科。生物學的各個分支，從古老的形態學到現代分子生物學的新成就，都可吸取為分類依據。分類學也有其自己的分支學科。

■ 科技巨擘

龍骨水車：也稱翻車、踏車、水車，也稱「龍骨」。一種用於排水灌溉的機械。因為其形狀猶如龍骨，故名「龍骨水車」。它約始於東漢，三國時發明家馬鈞曾予以改進。此後一直在農業上發揮巨大的作用。

水輪三事：王禎創製的。他在普通水磨的基礎上，透過改變它的軸首裝置，使它兼有磨面、礱稻、碾米三種功用。

水轉連磨：由水輪驅動的糧食加工機械，為晉朝杜預創製。它的原動輪是一具大型臥室水輪，水輪的長軸上有3個齒輪，各聯動3臺石磨，共9臺石磨。也有一具水輪驅動兩臺石磨的，成為連二水磨。

忽必烈（西元1215年～西元1294年）：即孛兒只斤‧忽必烈。蒙古族。蒙古族卓越的政治家、軍事家。元朝的建立者。諡號「聖德神功文武皇帝」，廟號世祖，蒙古尊號「薛禪汗」。在位期間，建立行省制，加強中央集權，使得社會經濟逐漸恢復和發展。

【閱讀連結】

王禎非常關心農業生產，「以身率先」是他的一貫作風。他在做旌德縣縣尹時，發現這裡多山，耕地大部分是山地。

有一年碰上旱災，眼看禾苗都要旱死，農民心急如焚。

王禎看到許多河流溪澗有水，就想起從家鄉東平來旌德縣的時候，在路上看到一種水轉翻車，可以把水提灌到山地裡。

王禎立即開動腦筋，仔細地畫出了圖樣，接著召集木工、鐵匠趕製，組織農民抗旱。就這樣，水轉翻車使幾萬畝山地的禾苗得救了，老百姓的吃飯問題也有了保障。

科技巨擘

學科菁英

學科菁英

明清兩代是中國歷史上的近世時期。

明代的農業及手工業進步很大,造就了像宋應星《天工開物》這類百科全書式的鉅著。其他如《本草綱目》和《徐霞客遊記》,也都是流傳至今的科學名作。

文藝復興後,中國的徐光啟與傳教士利瑪竇(Matteo Ricci)共同翻譯的《幾何原本》,是西學東漸具有代表性的成果。清代雖然閉關自守,但梅文鼎的很多著述介紹了西學,使當時的科技領域如沐清風。

中國近世時期學科菁英們這些本土與外來的科學研究成果,仍然令人寬慰。

巧奪天工的宋應星

宋應星（西元 1587 年～約西元 1666 年），字長庚。江西奉新縣宋埠鎮牌樓村人。明末清初科學家。

代表著作《天工開物》，是世界上第一部關於農業和手工業生產的綜合性科學技術著作，也有人稱它是一部百科全書式的著作。外國學者稱它為「中國 17 世紀的工藝百科全書」。

宋應星出身於書香世家，他的曾祖、祖父和父親都很有才學。他自幼聰明伶俐，先學詩文，又學經史子書，接受封建正統教育，很得老師和長輩們喜愛。

西元 1615 年，宋應星考中舉人，但以後 5 次進京會試均告失敗。5 次跋涉，見聞大增。西元 1638 年至西元 1654 年間，他出仕江西分宜縣教諭。

期間，他將其長期累積的生產技術等方面知識加以總結整理，編著了《天工開物》一書，在西元 1637 年由朋友資助刊行。稍後，他又出任福建汀州推官、亳州知府。明亡後作

學科菁英

為明遺民,約在西元 1666 年去世。

宋應星一生講求實學,反對士大夫輕視生產的態度。而《天工開物》的出版發行也歷經磨難,當時曾因被認為存在「反動」思想而被銷毀,後來由藏於日本的明朝原版重印刊行中國。

《天工開物》詳細敘述了各種農作物和工業原料的種類、產地、生產技術和工藝裝備,以及一些生產組織經驗,既有大量確切的資料,又繪製了 123 幅插圖。全書分上、中、下卷,細分為 18 篇。

上卷 6 篇,〈乃粒〉介紹糧食作物的栽培技術,〈乃服〉介紹衣服原料的來源和加工方法,〈彰施〉介紹植物染料的染色方法,〈粹精〉介紹穀物的加工過程,〈作鹹〉介紹鹽的生產方法,〈甘嗜〉介紹種植甘蔗及製糖、養蜂的方法。

中卷 7 篇,〈陶埏〉介紹磚、瓦、陶瓷的製作,〈冶鑄〉介紹金屬物品的鑄造,〈舟車〉介紹船舶、車輛的結構、製作和用途,〈錘鍛〉介紹製作鐵器和銅器的錘鍛方法,〈燔石〉介紹石灰、煤炭等非金屬礦的生產技術,〈膏液〉介紹植物油脂的提取方法,〈殺青〉介紹造紙的方法。

下卷 5 篇,〈五金〉介紹金屬的開採和冶煉,〈佳兵〉介紹兵器的製造方法,〈丹青〉介紹墨和顏料的製作,〈麴糵〉介紹製作酒的方法,〈珠玉〉介紹珠寶玉石的來源。

中國古代物理知識大部分分散展現在各種技術過程的書籍中，《天工開物》中也是如此。如在提水工具、船舵、灌鋼、泥型鑄釜、失蠟鑄造、排除煤礦瓦斯方法、鹽井中的吸鹵器、熔融、提取法等中都有許多力學、熱學等物理知識。

此外，在《論氣》中，宋應星深刻闡述了發聲原因及波，他還指出太陽也在不斷變化，「以今日之日為昨日之日，刻舟求劍之義」。

宋應星的著作都具有珍貴的歷史價值和科學價值。如在《五金》卷中，宋應星是世界上第一個科學地論述鋅和銅鋅合金的科學家。他明確指出，鋅是一種新金屬，並且首次記載了它的冶煉方法。

宋應星記載的用金屬鋅代替鋅化合物煉製黃銅的方法，使中國在很長一段時間裡成為世界上唯一能大規模煉鋅的國家。是中國古代金屬冶煉史上的重要成就之一，也是人類歷史上用銅和鋅兩種金屬直接熔融而得黃銅的最早紀錄。

宋應星注重從一般現象中發現本質，在自然科學理論上也取得了一些成就。

比如在生物學方面，他在《天工開物》中記錄了農民培育水稻、大麥新品種的事例，研究了土壤、氣候、栽培方法對作物品種變化的影響。又注意到不同品種蠶蛾雜交引起變異的情況，說明透過人為的努力，可以改變動植物的品種特性。

學科菁英

從而得出了「土脈歷時代而異,種性隨水土而分」的科學見解,把中國古代科學家關於生態變異的認知推進了一步,為人工培育新品種提出了理論根據。

再如在物理學方面,宋應星透過對各種音響的具體分析,研究了聲音的發生和傳播規律,並提出了聲是氣波的概念。

《天工開物》對中國古代的各項技術進行了系統地總結,全面反映了工藝技術的成就,構成了一個完整的科學技術體系。書中記述的許多生產技術,一直沿用至近代。

《天工開物》一書初版發行後,很快就引起了國內外學術界和刻書界的廣泛注意。明末方以智《物理小識》較早地引用了《天工開物》的有關論述。

西元 1694 年,日本著名本草學家貝原益軒在《花譜》和西元 1704 年成書的《菜單》兩書的參考書目中列舉了《天工開物》,這是日本提到《天工開物》的最早文字記載。

由此開始,《天工開物》成為日本各界廣為重視的讀物,刺激了 18 世紀時日本哲學界和經濟界,興起了「開物之學」。

1830 年代,有人把它摘譯成了法文,之後,不同文版的摘譯本便在歐洲流行開來,對歐洲的社會生產和科學研究都產生過許多重要的影響。

如西元 1837 年,法國漢學家儒蓮把《授時通考》的「蠶桑篇」,《天工開物・乃服》的蠶桑部分譯成了法文,並以《蠶桑輯要》的書名刊載出去,馬上就轟動了整個歐洲,當年就譯成了義大利文和德文,分別在都靈、斯圖加特和杜賓根出版,第二年又轉譯成了英文和俄文。

當時歐洲的蠶桑技術已有了一定發展,但因防治疾病的經驗不足等而引起了生絲之大量減產。《天工開物》則為之提供了一整套關於養蠶、防治蠶病的完整經驗,對歐洲蠶業產生了很大的影響。

宋應星的《天工開物》已經成為世界科學經典著作在各國流傳,並受到高度評價。如法國的儒蓮把《天工開物》稱為「技術百科全書」,英國的達爾文稱之為「權威著作」。

本世紀以來,日本學者三枝博音稱此書是「中國有代表性的技術書」,英國科學史家李約瑟博士把《天工開物》稱為「中國的格奧爾格・阿格里科拉（Georgius Agricola）」和「中國的德尼・狄德羅（Denis Diderot）——宋應星寫作的 17 世紀早期的重要工業技術著作」。

【旁註】

教諭：學官名。宋京師小學和武學中設。元、明、清縣學均置,掌文廟祭祀、教育所屬生員。明清時代縣府學教諭

> 學科菁英

多為進士出身,由朝廷直接任命。府學訓導以及縣學教諭、訓導、囑託,多為舉人、貢生出身,由藩司指派。

失蠟鑄造:中國失蠟鑄造是用蜂蠟做成鑄件的模型,再用別的耐火材料填充泥芯和敷成外範。加熱烘烤後,蠟模全部熔化流失,使整個鑄件模型變成空殼。再往內澆灌溶液,便鑄成器物。這就是失蠟法,也稱「熔模法」。

蠶蛾:別名原蠶蛾、晚蠶蛾,屬食療同源昆蟲。形狀像蝴蝶,全身披著白色鱗毛,但由於兩對翅較小,已失去飛翔能力。牠們拍打翅膀不代表是在飛翔。

方以智(西元 1611 年～西元 1671 年):字密之,號曼公,又號鹿起、龍眠愚者等。安徽桐城人。明代著名哲學家、科學家。博採眾長,主張中西合璧,儒、釋、道三教歸一。一生著述 400 餘萬言,多有散佚,內容廣博,文、史、哲、地、醫藥、物理,無所不包。

【閱讀連結】

宋應星從小個性活潑,喜歡學習各種物品的製作技術,以致於被當時讀書人稱為「旁門左道」。

有一次,宋應星和幾個朋友到一個人家去做客。那人家裡擺滿了許多大小、形狀、顏色、圖案都不同的花瓶。

巧奪天工的宋應星

　　宋應星立即對這些陶土製成的花瓶發生了興趣，不斷詢問這些花瓶的製作方法。一些朋友卻搖頭，認為這不過是雕蟲小技罷了，不值得讀書人學習。但宋應星依然故我，並開始留心做各種技藝資料的收集和紀錄。後來，終於成為名揚世界的大科學家。

> 學科菁英

嘗百草的李時珍

李時珍（西元 1518 年～西元 1593 年），字東璧，時人謂之李東璧，號瀕湖，晚年自號瀕湖山人。生於湖北蘄州，即今湖北省黃岡市。明代偉大的藥物學家、醫學家。

所編《本草綱目》一書，是中國古代藥物學的總結性鉅著，在國內外均有很高的評價，已有幾種文字的譯本或節譯本。

李家世代業醫，祖父是「鈴醫」，父親李言聞著有《痘疹證治》等醫書，在家鄉一帶頗有醫名。那時，民間醫生地位很低，李家常受官紳的欺侮。因此，父親決定讓李時珍讀書應考，以便出人頭地。

李時珍自幼體弱多病，然而性格剛直純真，對空洞乏味的八股文不屑於學。自 14 歲中了秀才後的 9 年中，3 次到武昌考舉人均名落孫山。於是，他放棄了科舉做官的打算，專心學醫。

他的父親在事實面前終於醒悟了，於是同意兒子的要

求，並精心地教他。不幾年，李時珍果然成了一名很有名望的醫生。

李時珍38歲時，被武昌的楚王朱英召去任王府「奉祠正」，兼管良醫所事務。3年後，皇帝下令各地選拔醫技精湛的人到太醫院就職，於是他又被推薦上京任太醫院判。

在太醫院工作期間，李時珍非常積極地從事藥物研究工作，收集了大量的資料，並有機會飽覽王府和皇家珍藏的豐富典籍，使他大大開闊了眼界，豐富了知識領域。然而，在太醫院的工作環境是不可能滿足他的想法、實現願望的，因為他淡於功名榮祿，所以在太醫院任職沒有太長時間，就託病辭職歸家了。

李時珍曾閱讀過很多醫藥及其學術方面的書籍，發現古來的本草和明朝當時用藥的實際情況不甚相符，舊本草不只是品種不全，而且還有許多錯誤。再加上他多年行醫經驗，決心重編一部藥物學著作，這就是後來的《本草綱目》。

李時珍牢記父親的教誨：「讀萬卷書」固然需要，但「行萬里路」更不可少。

於是，李時珍在編寫過程中，穿上草鞋，背起藥筐，在徒弟龐憲、兒子李建元的伴隨下，足跡遍及河南、河北、江蘇、安徽、江西、湖北等廣大地區，走遍了牛首山、攝山、茅山、太和山等大山名川，遍訪名醫宿儒，搜求民間驗方，

學科菁英

觀察和收集藥物標本。

又傾聽了萬人的意見,參閱各種書籍 800 多種。就這樣,經過 27 年的實地調查,搞清了藥物的許多疑難問題,終於在西元 1578 年完成了《本草綱目》編寫工作。

李時珍一生著述頗豐,有《奇經八脈考》、《瀕湖脈學》、《五臟圖論》等 10 種著作,而以《本草綱目》最為著名。這部共書 16 部、52 卷,約有 200 萬字。全書收納諸家本草所收藥物 1,518 種,在前人基礎上增收藥物 374 種,合 1,892 種,其中植物 1,195 種;共輯錄古代藥學家和民間單方 11,096 則;書前附藥物形態圖 1,100 餘幅。

《本草綱目》在動植物分類學等許多方面有突出成就,並對其他有關的學科如生物學、化學、礦物學、地質學、天文學等也做出了貢獻。

在編寫體例上,李時珍採用以綱挈目的方法,將《本草經》以下歷代本草的各種藥物資料,重新進行剖析整理,使近 200 萬字的本草鉅著體例嚴謹,層次分明,重點突出,內容詳備。在這方面,可以說這是李時珍最大的貢獻之一。

他不僅解決了藥物的方式、檢索等問題,更重要的是展現了他對植物分類學方面的新見解,以及可貴的生物進化發展思想。

李時珍打破了自《神農本草經》以來，沿襲了 1,000 多年的上、中、下三品分類法，把藥物分為水、火、土、金石、草、穀、菜、果、木、服器、蟲、鱗、介、禽、獸、人共 16 部，包括 60 類。每藥標正名為綱，綱之下列目，綱目清晰。

書中還系統地記述了各種藥物的知識。包括校正、釋名、集解、正誤、修治、氣味、主治、發明、附錄、附方等項，從藥物的歷史、形態至功能、方劑等，敘述甚詳。

尤其是「發明」這項，主要是李時珍對藥物觀察、研究以及實際應用的新發現、新經驗，這就更加豐富了本草學的知識。

李時珍在植物學方面所創造的人為分類方法，是一種按照實用與形態等相似的植物，將其歸之於各類，並按層次逐級分類的科方法。

李時珍將 1,000 多種植物，據其經濟用途與體態、習性和內含物的不同，先把大同類物質向上歸為 5 部，即草、目、菜、果、穀為綱，部下又分成 30 類，如草部 9 類、木部 6 類、菜、果部各 7 類、穀 5 類是為目，再向下分成若干種。不僅提示了植物之間的親緣關係，而且還統一了許多植物的命名方法。

雖然《本草綱目》是一部藥物學專著，但它同時還記載

學科菁英

了與臨床關係十分密切的許多內容。原書第三、第四卷為「百病主治藥」，記有113種病症的主治藥物。

第三卷外感和內傷雜病中，就包括有專門治療傷寒熱病、咳嗽、喘逆類的藥物；第四卷則主要為五官、外、婦、兒科諸病。原書中明確提出能治療瘟疫的藥物有升麻、艾葉、臘雪、大麻、大豆豉、石燕等20餘種。

《本草綱目》中收載各類附方11,096首，涉及臨床各科，包括內科、外科、婦科、兒科、五官科等。其中2,900多首為舊方，其餘皆為新方。治療範圍以常見病、多發病為主，所用劑型亦是丸散膏丹俱全，而且許多方劑既具科學科，又有簡便廉驗之特點，極具實用性。如治療咳嗽病的方劑，即在多種藥物附方中出現。

《本草綱目》不僅為中國藥物學的發展做出了重大貢獻，而且對世界醫藥學、植物學、動物學、礦物學、化學的發展也產生了深遠的影響。該書出版後，很快就傳到日本，以後又流傳到歐美各國，先後被譯成日、法、德、英、拉丁、俄、北韓等十餘種文字在國外出版，傳遍五大洲。

早在1951年，在維也納舉行的世界和平理事會上，李時珍即被列為古代世界名人；他的大理石雕像屹立在莫斯科大學的長廊上。

《本草綱目》不僅對祖醫藥學具有極大貢獻，而且對世

界自然科學的發展也發揮巨大的推動作用,被譽為「東方醫藥巨典」,英國著名生物學家達爾文也曾受益於《本草綱目》,稱它為「中國古代百科全書」。

【旁註】

鈴醫:也稱「走鄉醫」、「串醫」或「走鄉藥郎」,指遊走江湖的民間醫生。鈴醫以搖鈴招徠病家,因而得名。鈴醫自古就有,相傳始於宋代的鈴醫李次口,世代相沿,至宋元時開始盛行。鈴醫實為古代的基層醫務工作者。

藥物學:是以各種科學為基礎來研究藥物的知識系統。與藥劑學和藥理學是不同的概念。目前藥學的含義包括藥學科學、藥學職業、藥房等。

植物分類學:是一門主要研究整個植物界的不同類群的起源,親緣關係,以及進化發展規律的一門基礎學科。也就是把紛繁複雜的植物界分門別類一直鑑別到種,並按系統排列起來,以便於人們認識和利用植物。

親緣關係:植物物種由於同科同屬而產生的關係稱為親緣關係。利用植物親緣關係在同屬植物中,可以尋找到相似的活性成分。人們根據埋藏在地層中的生物化石遺骸,就可以把地球上出現生命以來動物和植物發展變化的歷程基本查證清楚。

學科菁英

朱英(西元 1416 年～西元 1484 年):字時傑。湖南省汝城縣外沙村人。西元 1445 年進士。曾任浙江道監察御使、廣州布政司參議、陝西參政、福建右布政等職,官至右都御史,享受一品俸祿。朱英為政清廉,手下人凡有貪贓枉法者,必問罪處置。

【閱讀連結】

有家藥店老闆的兒子正在櫃檯上大吃大喝,聽說李時珍醫術很高,心裡很不服氣,就去找到李時珍問自己什麼病。

李時珍見此人氣色不好,趕忙為他診脈,過後,十分惋惜地說道:「小兄弟,可惜呀,年紀輕輕,活不了 3 個時辰了,請趕快回家去吧,免得家裡人到處找。」

那個藥店老闆的兒子以為是在咒他,就氣咻咻地走了。

果然,不到 3 個時辰,這個人便死了。原來他吃飯過飽,縱身一跳,腸子斷了。由此,人們更是驚嘆李時珍的神奇醫術了。

地理學家徐霞客

徐霞客（西元 1587 年～西元 1641 年），名弘祖，字振之，號霞客。生於明朝時南直隸江陰，即今江蘇省江陰市。偉大的地理學家、旅行家和探險家。

徐霞客飽覽了秀美山水和人文大觀，留下了描述山川形勝、風土人情的 60 餘萬字遊記資料。去世後由他人整理成《徐霞客遊記》。既是一份珍貴的地理科學報告，又是一本旅遊指南。徐霞客也被視為「遊聖」。

幼年時的徐霞客，天資聰穎，有很強的記憶力。對於不明白的地方，總要打破砂鍋問到底。他對「四書五經」和八股文沒有很大的興趣，卻特別青睞歷史、地理和探討大自然等方面的書籍。

他有錢必買書，無錢則變賣衣物來換錢買書，其「奇書」嗜好可見一斑。看了這些書以後，便得他更加嚮往五嶽等名山。

徐霞客 19 歲時，父親病故。3 年服孝期滿，徐霞客萌

> 學科菁英

發了外出遊歷的想法,而賢德的母親也認為好男兒志在四方,所以對徐霞客的決定給予了極大的支持和鼓勵。

於是,年輕的徐霞客終於告別書齋生活,掙脫了仕途功名的束縛,開始實現兒時的夢想。

徐霞客先後遊歷了大半個中國,足跡遍於華東、華北、中南、西南16個省,踏遍泰山、黃山、華山、武當、五臺、衡山等名山;遊盡太湖、黃河、錢塘江、黔江、黃果樹瀑布等勝水。歷經34年,直至生命結束為止。

在漫長的旅途當中,徐霞客為了考察得準確、細緻,大都步行前進。披星戴月、風餐露宿,對於所遇的險阻,他都以頑強的鬥志去克服,而且無論身體多麼疲憊、條件多麼惡劣,他都每天堅持作日記。

他寫下的遊記有240多萬字,可惜大多失散了。留下來的經過後人整理成書,就是著名的《徐霞客遊記》。

《徐霞客遊記》以日記體為主的中國地理名著,寫有天臺山、雁蕩山、黃山、廬山等名山遊記17篇和《浙遊日記》、《江右遊日記》、《楚遊日記》、《粵西遊日記》、《黔遊日記》、《滇遊日記》等著作,除佚散者外,遺有60餘萬字遊記資料。

主要按日記述作者西元1613年至西元1639年間旅行觀

察所得,對地理、水文、地質、植物等現象,均做詳細紀錄,在地理學和文學上卓有成就。

《徐霞客遊記》在地理學上的重要成就,主要展現在如下4個方面:

一是喀斯特地區的類型分布和各地區間的差異,尤其是喀斯特洞穴的特徵、類型及成因,有詳細的考察和科學的記述。僅在中國廣西、貴州、雲南省區,他親自探查過的洞穴便有270多個,而且一般都有方向、高度、寬度和深度的具體記載。

並初步論述其成因,指出一些巖洞是水的機械侵蝕造成,鐘乳石是含鈣質的水滴蒸發後逐漸凝聚而成等。他是中國和世界廣泛考察喀斯特地貌的卓越先驅。

二是糾正了文獻記載的關於中國水道源流的一些錯誤。如否定自《尚書·禹貢》以來流行1,000多年的「岷山導江」舊說,肯定金沙江是長江上源。正確指出河岸彎曲或巖岸進逼水流之處沖刷侵蝕厲害,河床坡度與侵蝕力的大小成正比等問題。對噴泉的發生和潛流作用的形成,也有科學的解釋。

三是觀察記述了很多植物的生態品種,明確提出了地形、氣溫、風速對植物分布和開花早晚的各種影響。

> 學科菁英

四是調查了雲南騰衝打鷹山的火山遺跡，科學地記錄與解釋了火山噴發出來的紅色浮石的質地及成因。

此書對地熱現象的詳細描述在中國是最早的；對的人文地理情況，包括各地的經濟、交通、城鎮聚落、少數民族和風土文物等，也做了不少精采的記述。他在中國古代地理學史上超越前人的貢獻，特別是關於喀斯特地貌的詳細記述和探索，居於當時世界的先進水準。

《徐霞客遊記》在文學上的特點，主要展現在以下幾個方面：

一是寫景記事，悉從真實中來，具有濃厚的生活實感。

二是寫景狀物，力求精細，常運用動態描寫或擬人手法，遠較前人遊記細緻入微。

三是詞彙豐富，敏於創製；絕不因襲套語，落入窠臼。

四是寫景時注重抒情，寓情於景，情景交融，同時注重表現人的主觀感覺。

五是透過豐富的描繪手段，使遊記表現出很高的藝術性，具有恆久的審美價值。

六是在記遊的同時，還常常兼及當時各地的居民生活、風俗人情、少數民族的聚落分布、土司之間的戰爭兼併等情事，多為正史稗官所不載，具有一定歷史學、民族學價值。

《徐霞客遊記》被後人譽為「世間真文字、大文字、奇文字」。

《徐霞客遊記》開闢了地理學上系統性觀察自然、描述自然的新方向，既是考察地貌地質的地理名著；又是描繪華夏風景資源的旅遊巨篇，還是文字優美的文學佳作，在國內外具有深遠的影響。

《徐霞客遊記》對於地理學家而言，它是一份珍貴的地理科學報告；對普通讀者來說，它更像是一本旅遊指南。書中那一片片壯闊遼遠的風景，一座座高峻雄偉的山峰，似乎正在催動我們渴望冒險的心，在攀登中獲得樂趣，在探索中尋覓真知。

著名作家張恨水在《金粉世家・序》中說：「憶吾十六七歲時，讀名人書，深慕徐霞客之為人，誓遊名山大川。」

【旁註】

八股文：也稱時文、制藝、制義、四書文等，是中國明、清兩朝考試制度所規定的一種特殊文體。八股文專講形式、沒有內容，文章的每個段落死守在固定的格式裡面，連字數都有一定的限制，人們只是按照題目的字義敷衍成文。

五嶽：又稱作五嶽，是中國五大名山的總稱，分別為東嶽山東的泰山，西嶽陝西的華山，中嶽河南的嵩山，北嶽山

> 學科菁英

西的恆山,南嶽湖南的衡山。五嶽制度始於漢朝,可能是當時一些經學家據殷商時的五方,即東、南、西、北、中和五色,即青、赤、白、黑、黃等觀念附會而成。

日記體:一般是由幾則日記連綴而成。這幾則日記之間,應該內容相互關聯,中間無需敘述的語言連線,情節的發展暗含於日記的內容之中。但有時前幾則日記表面上沒有關係,直至後面幾則或者是最後一則,才使前面幾則發生了連繫。

喀斯特:即岩溶,是水對可溶性岩石進行以化學溶蝕作用為主,流水的沖蝕、潛蝕和崩塌等機械作用為輔的地質作用,以及由這些作用所產生的現象的總稱。由喀斯特作用所造成地貌,稱喀斯特地貌,即岩溶地貌。

潛流:即潛水水流,或叫淺層地下水水流,也叫地下徑流。通常把埋藏在地面以下第一個不透水層上面的含水層,並且有自由水面的地下水叫潛水,它在重力作用下,沿著它的水力坡降自高處向低處作水平方向流動,這種能流動的地下水叫潛流。

地熱:地球熔岩向外的自然熱流。地球是一個龐大的熱庫,蘊藏著巨大的熱能。這種熱量滲出地表,於是就有了地熱。地熱能是一種清潔能源,是可再生能源,其開發前景十分廣闊。

土司：官名。元朝始置。用於封授給西北、西南地區的少數民族部族首領。土司的職位可以世襲，但是襲官需要獲得朝廷的批准。土司對朝廷承擔一定的賦役、並按照朝廷的徵發令提供軍隊；對內維持其作為部族首領的統治權利。

張恨水（西元 1895 年～西元 1967 年）：原名心遠，「恨水」是筆名。安徽省潛山人。著名章回小說家，鴛鴦蝴蝶派代表作家。代表作品有《春明外史》、《金粉世家》、《啼笑因緣》、《八十一夢》。被尊稱為現代文學史上的「章回小說大家」和「通俗文學大師」第一人。

【閱讀連結】

徐霞客在遊歷考察過程中，曾經多次遭遇強盜。但在長期的旅遊中，他鍛鍊了超強的應變能力。

一天傍晚，在一艘停泊在湘水中的客船上，乘客們正在觀賞月光下的山形水色。忽然，喊殺聲驟起，一群強盜竄上船來，一時火炬亂晃，刀光劍影交錯，大難降臨船上。

這時，只見一個人飛身跳入水中，逆流而行，躲進了別的船裡。這個跳水的人，年約 50 歲開外，身材修長，看上去精力旺盛，行動敏捷。他就是中國歷史上著名的地理學家徐霞客。

學科菁英

天文學家兼農學家徐光啟

徐光啟（西元 1562 年～西元 1633 年），字子先，號玄扈，教名保祿。明朝南直隸松江府上海縣人。諡號「文定」，贈太子太保、少保。明末科學家、農學家、政治家。

科學研究範圍廣泛，其中以《農政全書》影響最大，對當時和後世都產生了深遠影響。成為中國古代農業的百科全書。

徐光啟在青少年時代聰敏好學，活潑矯健。西元 1581 年中秀才，便以天下為己任。他在家鄉和廣東、廣西教書，白天為學生上課，晚上廣泛閱讀古代的農書，鑽研農業生產技術，還博覽古代的天文曆法、水利和數學著作。

後來，徐光啟先後結識了傳教士郭居靜和利瑪竇，接觸了西方近代的自然科學，知識更加豐富了。利瑪竇還發展徐光啟成為天主教徒。西元 1604 年，徐光啟考中進士，開始步入仕途。隨後，他擔任翰林院庶吉士的官職，在北京住了下來。

西元 1606 年，徐光啟再次請求利瑪竇傳授西方的科學知識，並建議利瑪竇和他合作，一起把希臘數學家歐幾里得（Euclid）的著作《原本》譯成中文。這就是後來翻譯的《幾何原本》。

《幾何原本》譯出 6 卷，刊印發行。這是徐光啟引進西方科學最具代表性的一件事情，以致於後來有人這樣認為：在中國走向世界的艱難歷程中，徐光啟是一個前驅者，是西學東漸的接引人。

可惜在明朝時《幾何原本》並沒用得到重視，致使徐光啟逝世後《幾何原本》遲遲不能翻譯。直至 20 世紀初，中國廢科舉、興學校，以《幾何原本》內容為主要內容的初等幾何學方才成為中等學校必修科目。

西元 1629 年 9 月，朝廷決心改曆，令徐光啟主持。徐光啟從編譯西方天文曆法書籍入手，同時製造儀器，精心觀測。自西元 1631 年起，分 5 次進呈所編譯的圖書著作。這就是著名的《崇禎曆書》。

徐光啟在天文學上的成就主要是主持曆法的修訂和《崇禎曆書》的編譯。他「釋義演文，講究潤色，校勘試驗」，負責《崇禎曆書》全書的總編工作。此外還親自參加了其中《測天約說》、《大測》、《日纏曆指》、《測量全義》、《日纏表》等書的具體編譯工作。

學科菁英

徐光啟引進了圓形地球的概念,明晰地介紹了地球經度和緯度的概念。

他為中國天文界引進了星等的概念;根據第谷星表和中國傳統星表,提供了第一個全天性星圖,成為清代星表的基礎;在計算方法上,他引進了球面和平面三角學的準確公式,並首先做了視差、蒙氣差和時差的訂正。這些都較中國傳統的《大統曆》為高。

《崇禎曆書》及其所依據的天文學理論,使其成為中國的官方天文學體系,長達 200 餘年。如從科學史的角度和歷史影響而言,此事當屬徐光啟成就的顯著事功之一。

作為中國歷史上最著名的農學家之一,徐光啟一生關於農學方面的著作甚多,計有《農政全書》、《甘薯疏》、《農遺雜疏》、《農書草稿》等。

其花費時間之長、用功之勤,較之修訂曆法和編譯《崇禎曆書》實有過之而無不及。其中,《農政全書》堪稱代表。此書是徐光啟去世後,經陳子龍刪增後成書的。

《農政全書》共 60 卷,70 餘萬言,分為農本、田制、農事、水利、農器、樹藝、蠶桑、蠶桑廣類、種植、牧養、製造、荒政 12 門。從這 12 門的內容中,我們完全可以感受到它的價值。

在《農本》3卷中，徐光啟繼承了傳統的重農思想，認為只有務農才是國家的根本之計。基於這種認知，《農政全書》開卷，即言農本：列舉了《五經》和史書中重視農業生產的言論和史實；摘引了《管子》、《呂氏春秋》、《亢倉子》、《齊民要術》等書的有關章節；全文收錄了明人馮應京的《國朝重農考》。

這些都是為了證明以農為本在中國有悠久的歷史和深厚的社會基礎，提醒人們關注農業問題，抓好農業生產，為國家富強社會安定打下堅實的根基。

《田制》共2卷，一卷是徐光啟自作的〈井田考〉，對西周井田制的劃分方法進行了細緻的考證，其中對西周度量衡與明代度量衡換算方法的確定十分精采。別一卷引錄了《王禎農書》中〈農器圖譜〉的全文。

《農事》6卷，介紹了《齊民要術》和《王禎農書》等農學著作中關於墾殖、收種、播種、中耕、除草、灌溉種種農田管理措施，還錄入了徐光啟自己的《墾田疏》。徐光啟有親自墾荒的切身經歷，對如何開闢荒蕪土地變為良田，增加國家收入有精闢的見解。

他在這裡補寫的兩段文字，即移民墾荒時「主客」關係的處理和墾荒前的準備事項，對指導墾荒很有實際意義。

《水利》9卷，其各章節中不但有對用水理論的探討，

> 學科菁英

有水利器具的製作和使用方法,還有改善地方水利的具體意見。徐光啟對取水工具寫下不少評註,表明他對這些工具器械做了深入的研究。

《農器》4卷摘自《王禎農書》,介紹了常見農用工具的質料、形制、構造和用途,有較高的實用性。

《樹藝》6卷大都是彙集以往農書中的材料,介紹了各種作物的特性、用途和種植方法。書中特別強調選種,說「種蔬果穀蓏諸物,皆以擇種為第一義。」

在說到甘薯時,書中充實了不少新材料,是徐光啟寫《甘薯疏》時徵集到的。他指出了甘薯的13個優點,認為此物易種高產,應大力推廣。

《蠶桑》4卷多采自《王禎農書》,介紹養蠶植桑的注意事項和養蠶工具、繅絲工具的使用方法。

《蠶桑廣類》2卷對作物栽培談得最多的是他對棉花的選種、種子的收藏和播前處理都有精闢獨到的見解。他提倡早種,強調深根和病蟲害防治,主張稀植、短幹,重用基肥,這些措施都是適應當時耕作水準的。關於麻的種植則主要依據舊農書寫成。

《種植》4卷介紹了園圃布局、樹木嫁接、整枝、防鳥害、治蟲等項技術;介紹了榆、松、槐、楊、梧桐、烏臼、

女貞等 30 餘種樹木的種法和用途；介紹了竹、茶、菊以及其他藥用、染料和水生作物。

徐光啟主張多種烏臼以取油料，多種女貞以取白蠟，認為這兩種樹很有經濟價值。還對如何養蟲生蠟做了生動細緻的記述。

《牧養》1 卷，主要談馬、驢、牛、羊、雞、鴨、鵝、魚、蜂等家畜家禽的飼養技術。

《製造》1 卷，主要講述釀製酒、醬、醋技術和各種食物的製作方法、房屋建築方法，以及一些洗滌、收藏、修補方法。

《荒政》18 卷引用了《虺丗梁傳》、《荀子》、《管子》、晁錯、陸贄等大量古今文獻中的救荒言論，以闡明有備無患和人定勝天的思想主旨，強調預防為主；分別列舉了從隋到明歷代備荒賑災的措施，以及一些具體的渡災辦法；收錄了可以代食充飢的草、木、糧、果、菜類數百種，供災荒時採用。其中有些迷信思想的成分。

《農政全書》對於農田水利、土壤肥料、選種嫁接、防治蟲害、改良農具、食品加工、絲織棉紡等農業科學技術和農民生活的各個重要方面，都就當時能夠達到的認知水準進行了深入細緻地探討，提出了自己的見解，並批判了阻礙生產技術進步的各種落後思想和錯誤的方法。

> 學科菁英

此外，《農政全書》在歷史上最早從國家政策的角度全面檢討「農政」的經驗教訓，對墾荒、水利、荒政給予特別的關注，系統化總結了中國古典農業科學，這些都是他遠遠超出前人的地方。

完成《農政全書》這樣一部鉅著，只有憑著對國家對民族的摯愛和對科學的執著追求，憑著堅忍不拔毅力和鍥而不捨精神的科學家徐光啟，才會為後人留下這樣一筆豐厚的遺產！

【旁註】

天主教：基督宗教的三大宗派之一，其正式名稱為「羅馬天主教會」或「羅馬公教會」，即由羅馬教宗領導的教會。在基督宗教的所有教會之中，天主教會的人數最為龐大，目前天主教會也是所有基督宗教的教會中最為龐大的教會。

《大統曆》：明代曆法名。後因《大統曆》推算日食不準確，治曆者紛進新曆，要求改制，但明朝一直沿用《大統曆》。

井田制：是中國西周時期較為普及的土地制度。字意為：因土地劃分為許多方塊，且形似「井」字形，故曰井田制。實則是周天子京畿之土地制度，有公田私田之分。而周禮中的井田，似乎是理想的土地制度，可行性不強，同時難以考證。

甘薯：屬旋花科，一年生或多年生蔓生草本。又名山芋、紅芋、蕃薯、蕃薯、白薯、白芋、地瓜、紅苕等，因地區不同而有不同的名稱。是重要的蔬菜來源，塊根可作為糧食、飼料和工業原料，作用廣泛。

基肥：一般叫底肥，是在播種或移植前施用的肥料。它主要是供給植物整個生長期中所需要的養分，為作物生長發育創造良好的土壤條件，也有改良土壤、培肥地力的作用。

荒政：中國古代政府因應對災荒而採取的救災政策。災荒即指地震、旱災、水災、蝗災、瘟疫等。面對荒年可能造成的社會動盪，中國執政者很早就發展出荒政。每個時代的荒政活動在荒政史上都有其特殊而重要的地位，具有鮮明的時代特徵。這也是學界關注和的問題。

陳子龍（西元 1608 年～西元 1647 年）：初名介，字臥子、懋中、人中，號大樽、海士、軼符等。南直隸松江華亭，即今上海市松江人。明末官員、文學家。工詞，為婉約詞名家、雲間詞派盟主，被後代眾多著名詞評家譽為「明代第一詞人」。

【閱讀連結】

明代時在上海老城曾流傳這樣一句民諺：「潘半城，徐一角」，意思是潘家的私人園林幾乎占了半個上海城；而為

官比潘家大的徐光啟卻只處上海城的一角。

　　有一次,學者張溥曾到徐光啟寓所,見他在案前奮筆疾書,房間僅一丈見方,除農桌、書櫃、椅子外,牆角放著一張床,身邊只有一位老僕幫他做些雜貨。

　　張溥見此情景,非常感動,連嘆「百聞不如一見」,如此京都高官,卻偏安上海城之一隅,真可謂「徐一角」。徐光啟清廉治學,實是可貴。

天文學家兼數學家梅文鼎

　　梅文鼎（西元 1633 年～西元 1721 年），字定九，號勿庵。安徽省宣城人。清初著名的天文、數學家。為清代「曆算第一名家」和「開山之祖」。著作有《明史曆志擬稿》、《曆學疑問》、《古今曆法通考》、《勿庵曆算書目》等。

　　梅文鼎是中國承前啟後的傑出的天文、數學家，與英國的牛頓，日本的關孝和同稱為世界科學巨擘。

　　梅文鼎在青少年時代透過家庭和塾師的培養，有了豐富的知識和廣泛的興趣，特別是塾師羅王賓引導他夜觀星斗等活動，對他後來的學業產生了很大的影響。27 歲從師自號竹冠道士的宣城籍逸民倪正學習大統曆，開始學習數學、曆法，終身潛心學術。

　　清代初年，新舊曆法之爭日趨激烈。面對這種情況，梅文鼎廣泛收集古今中外曆算書籍，下功夫研讀，力求貫通。但相比之下，梅文鼎最重要的貢獻是在數學方面。他將中西方的數學進行了融會貫通，對清代數學的發展發揮推動作用。

▎學科菁英

在傳統數學研究方面，梅文鼎比較系統化地整理和研究了一次方程組解法，勾股形解法以及求高次冪正根的方法。

在《方程論》中，他糾正了當時一些流行著作的錯誤；對係數為分數的一次方程組提出新的解法。他又最先對數學進行分類，把傳統數學分為演算法和量法。

在《勾股舉隅》中，已知勾、股、弦、勾股和、勾股較、弦和和、弦和較以及勾股積等十四事中任兩事，可求解勾股形，梅文鼎舉出若干例題來說明這種演算法。

在《少廣拾遺》中，他依據二項定理係數表，舉例說明求平方、立方到十二乘方的正根的方法，雖未能恢復和發展增乘開方法，但已使明代逐漸消失的求高次冪正根的方法重新發展起來。

對當時傳進來的西方數學，梅文鼎進行了全面的、系統的整理和會通工作，並且有所創造。

《筆算》是介紹《同文算指》的演算法，《籌算》是介紹納皮爾籌的計算，《度算釋例》是介紹伽利略比例規的演算法。根據中國書寫的特點和傳統的習慣，他把《同文算指》的橫式算式改為直式，把直式的納皮爾算籌改為橫式。

《平三角舉要》和《弧三角舉要》，是梅文鼎系統整理當時傳入的平面三角和球面三角，並對不詳其理的公式和定理進行推導與證明。

在介紹比例規的演算法中,他改正了羅雅谷(Giacomo Rho)在其《比例規解》中的訛誤。梅文鼎在《幾何補編》中證明了除六面體外的其他 4 種多面體的體積和內切球半徑的公式,糾正了《測量全義》計算二十面體體積的錯誤。

他還研究了許多複雜的有關正多面體的作圖問題,例如在一個正六面體內作一個正二十面體,使其 12 個頂點都在六面體的 6 個面上。

對於《幾何原本》,梅文鼎用傳統的勾股演算法進行會通,證明了《幾何原本》卷 2、卷 3、卷 4、卷 6 中 15 個定理。《塹堵測量》是用勾股演算法會通球面直角三角形的邊角關係公式。《環中黍尺》是用直角射影的方法證明球面三角學的餘弦定理。

結合球面三角計算的需求,梅文鼎在此書中還用幾何方法證明平面三角學的積化和差公式。

還有,梅文鼎的數學鉅著《中西數學通》,幾乎總括了當時世界數學的全部知識,達到當時中國數學研究的最高水準。他在《勾股舉隅》中提出了勾股定理的 3 種新證法;

獨立發現「理分中末線」,即黃金分割法;

著《平三角舉要》、《弧三角舉要》等中國最早的三角學和球面三角學專著;

著《環中黍尺》5 卷,論述球面三角形解法,並將此法

> 學科菁英

應用於天文學，解答有關天球赤道、黃道的問題；

著《少廣拾遺》，闡發「楊輝三角」；在《籌算》、《度算》、《比例數解》等書中，解釋和介紹了西洋的對數、伽利略的比例規等方法。

梅文鼎生當西方曆算東漸、中國古代科學衰微之時，他獨樹一幟，積60年之精力，專功曆算，冶中西於一爐，集古今之大成，述舊傳新，繼往開來，開清代曆算中興的先河。

其一生著述豐厚，成就巨大，可與17世紀至18世紀世界上三大數學家牛頓、關孝和平分秋色。是承前啟後、橫貫中西的數學大師，被稱為清代天文演算法「開山之祖」、清代「算學第一人」。

【旁註】

黃金分割法：黃金分割又稱黃金律，是指事物各部分間一定的數學比例關係，即將整體一分為二，較大部分與較小部分之比等於整體與較大部分之比。它的數學意義是，把一條線段分割為兩部分，使其中一部分與全長之比等於另一部分與這部分之比。

楊輝三角：是二項式係數在三角形中的一種幾何排列。又稱「賈憲三角」。北宋賈憲首先使用「賈憲三角」進行高次開方運算。南宋楊輝在《詳解九章演算法》中輯錄賈憲三

角形數表,稱之為「開方作法本源圖」,並繪畫「古法七乘方圖」。故楊輝三角又被稱為「賈憲三角」。

羅雅谷(西元1593年～西元1638年):字味韶。義大利人。天主教耶穌會傳教士。為中國帶來西方許多天文觀測儀器,如托勒密(Claudius Ptolemaeus)、伽利略時代的觀測儀器,還帶來了許多天文書籍,如哥白尼的《天體執行論》等。並且翻譯許多西洋書籍,如《泰西人身說概》等。

【閱讀連結】

梅文鼎學貫中西,他勤奮、認真的治學精神貫徹一生。

每當遇到問題時,對於暫時不理解的地方,他總是耿耿不忘,時時刻刻掛在心上,力求弄懂。為此廢寢忘食是經常的事。

有時讀別的書的時候,無意中觸發心中疑團,豁然開朗,便趁夜秉燭,立刻記下來;有時找到的書,殘缺不全,就設法抄補,不錯一字,不漏一句;有時聽說某地有位在天文、數學方面很有修養的人,他就不顧旅途勞累,步行登門求教。這種治學精神很讓人可敬可效。

國家圖書館出版品預行編目資料

科學鼻祖，科學菁英與求索發現：跨越千年的科學智慧，從農學到天文的全面發展 / 尚東發 主編，羅潔 編著 . -- 第一版 . -- 臺北市：複刻文化事業有限公司，2025.02
面；　公分
POD 版
ISBN 978-626-7671-31-3(平裝)
1.CST: 科學技術 2.CST: 中國史
309.2　　114001217

電子書購買

爽讀 APP

臉書

科學鼻祖，科學菁英與求索發現：跨越千年的科學智慧，從農學到天文的全面發展

主　　編：尚東發
編　　著：羅潔
發 行 人：黃振庭
出 版 者：複刻文化事業有限公司
發 行 者：崧燁文化事業有限公司
E - m a i l：sonbookservice@gmail.com
粉 絲 頁：https://www.facebook.com/sonbookss/
網　　址：https://sonbook.net/
地　　址：台北市中正區重慶南路一段 61 號 8 樓
8F., No.61, Sec. 1, Chongqing S. Rd., Zhongzheng Dist., Taipei City 100, Taiwan
電　　話：(02) 2370-3310　　傳　　真：(02) 2388-1990
印　　刷：京峯數位服務有限公司
律師顧問：廣華律師事務所 張珮琦律師

-版權聲明-

本書版權為大華文苑出版社所有授權複刻文化事業有限公司獨家發行繁體字版電子書及紙本書。若有其他相關權利及授權需求請與本公司聯繫。
未經書面許可，不可複製、發行。

定　　價：299 元
發行日期：2025 年 02 月第一版
◎本書以 POD 印製